贴身消防安全
必读

庄丽萌 陈列浩 主编

中国建筑工业出版社

图书在版编目(CIP)数据

贴身消防安全必读/庄丽萌,陈列浩主编.—北京:中国建筑工业出版社,2007

ISBN 978-7-112-08707-5

Ⅰ.贴… Ⅱ.①庄… ②陈… Ⅲ.消防—基本知识 Ⅳ.TU998.1

中国版本图书馆 CIP 数据核字(2006)第 153611 号

贴身消防安全必读

庄丽萌 陈列浩 主编

*

中国建筑工业出版社出版、发行(北京西郊百万庄)

新 华 书 店 经 销

北京天成排版公司制版

北京云浩印刷有限责任公司印刷

*

开本:850×1168 毫米 1/32 印张:9½ 字数:220 千字

2007 年 1 月第一版 2008 年 6 月第二次印刷

印数:4001—6000 册 定价:**20.00** 元

ISBN 978-7-112-08707-5

(15371)

本社网址:http://www.cabp.com.cn

网上书店:http://www.china-building.com.cn

当今，火灾是世界各国人民所面临的一个共同的灾难性问题。随着社会生产力的发展，社会财富日益增加，火灾损失上升及火灾危害范围扩大的总趋势是客观规律。然而，平时积累的消防安全知识越多，应对火灾时的心态才会越从容，抵御灾害的能力才会越强。为此，特在全国范围内组织有关部门和专家，针对人们在生产、生活中可能遇到的消防问题，编写了这本《贴身消防安全必读》，其中包括燃烧与火灾、家庭防火篇、交通工具防火篇、人员密集场所防火篇、旅游防火篇、火灾逃生与报警、消防设施和逃生器材、全国特大火灾案例分析，共8章。对掌握消防安全知识和自救、逃生的技能，远离火患很有帮助。

* * *

责任编辑：于　莉　田启铭
装帧设计：孙　梅
责任设计：赵明霞
责任校对：王雪竹

前言

　　水火无情。在中国古代传说中，火神名祝融，是脾气十分暴躁的神仙，他与水神共工争夺名次时，曾有一次大战，结果撞倒了不周山、蹋了西方半边天，幸亏女娲娘娘炼石补天，才挽救了普天下的苍生百姓。在现实生活中，所有的灾害发生频率最高的莫过于火灾。一个小小的火星，可以使大自然的宝贵资源遭到破坏；可以使人类创造的物质财富和精神财富化为灰烬；可以无情地夺走人最宝贵的生命。

　　当今，火灾已成为世界各国人民所面临的一个共同的灾难性问题。随着社会生产力的发展，社会财富日益增加，火灾损失上升及火灾危害范围扩大的总趋势是客观规律。据联合国"世界火灾统计中心"提供的资料介绍，发生火灾的损失，美国不到7年翻一番，日本平均16年翻一番。全世界每天发生火灾1万多起，造成数百人死亡。20世纪70年代出现了"燃烧的美国"，随后又出现了"燃烧的俄罗斯"。现在，我国也开始进入火灾事故高发期，据统计，2005年，全国全年共发生火灾235941起，死亡2496人，受伤2506人，直接财产损失13.6亿元，给国家和人民群众的生命财产造成了巨大的损失。

　　而所谓"天灾"其实多为"人祸"，在这些火灾中，绝大部分是由人为因素引起的。在2005年公安消防部门调查的143232

起火灾中，除原因不明的外，有97.6%的火灾系生活用火不慎、违反电气安装使用规定、违章操作、吸烟、玩火和放火造成。

万物皆有其律，火灾有火灾的规律，防范有防范的规律，不按规律办事，势必吃苦头。火，善用为福，不善用方为祸。如何善待火、利用火、治理火，坚持人与火的和谐相处应当成为我们每一个人的义务。在抵御火灾的过程中，我们既是救护和帮助对象，又是自救、救人的主体。如何预防火灾，火灾一旦发生，如何保持较好的心理状态，掌握应对消防安全知识和自救、逃生的技能，将直接关系到能否最大限度地减少火灾造成的危害和损失。

居安思危，思则有备，有备无患。平时积累的消防安全知识越多，应对火灾时的心态才会越从容、抵御灾害的能力才会越强。为此，我们特在全国范围内组织有关部门和专家，针对人们在生产、生活中可能遇到的消防问题，编写了这本《贴身消防安全必读》，其中包括：第1章燃烧与火灾，由吴利勤编写；第2章家庭防火篇，由周昱编写；第3章交通工具防火篇，由吴盛源编写，第4章人员密集场所防火篇，由杨菁编写，第5章旅游防火篇，由陈严博编写，第6章火灾逃生与报警，由刘海燕编写，第7章消防设施和逃生器材，由李争杰编写，第8章全国特大火灾案例分析，由庄丽萌、陈列浩编写。我们诚恳地希望本书能成为公众平安生活的理想助手和摆脱火灾阴影的希望之光，并衷心祝福每一位读者远离火患、一生平安！

目 录

8

15

第 7 章

燃烧与火灾

火是物质燃烧产生的光和热，是能量的一种。必须有可燃物、燃点、氧化剂并存才能生火。三者缺任何一者就不能生火。火就是介于气态、固态、液态以外的等离子态。火是由等离子体（plasma）状态的物质组成的，plasma 是由英国物理学家 Sir William Crookes 在 1879 年确定的物质的第四种状态（其他三种是固态、液态、气态）。

电子离开原子核，这个过程就叫做"电离"。这时，物质就变成了由带正电的原子核和带负电的电子组成的，一团均匀的"浆糊"，人们称它为离子浆。这些离子浆中正负电荷总量相等，因此又叫等离子体。而我们通常看到的火是电离的电子由激发态回到基态时放出的光子，不同能量的光子有不同能量的颜色。

火有重力吗？答案是有的，因为火在无重力太空舱中的形状是球状的，它的形状受到重力的影响。

初中化学中定义火是物质燃烧过程中产生的发热发光的现象，那么又作何解释呢？那是因为初中化学是从宏观现象来解释火，而现代物理在进入研究微观领域之后更注重从微观粒子角度解释现象。

从宏观定义的物质上来说，火是物质，因为从哲学的宏观定义上来说，物质的状态也是物质，物质和状态并不矛盾。

1.1　燃　　烧

燃烧是指可燃物与氧化剂作用发生的放热反应，通常伴有火焰、发光和(或)发烟现象。在时间或空间上失去控制的燃烧就形成了火灾。为了有效地控制和扑灭火灾，需要全面地了解燃烧的基本原理和规律，以便在掌握燃烧规律的基础上，通过破坏燃烧的基本条件，达到扑灭火灾的目的。

2

1.1.1　燃烧的必要条件有哪些？

物质燃烧过程的发生和发展，必须具备以下三个必要条件，即：可燃物、氧化剂和温度(引火源)。只有这三个条件同时具备，才可能发生燃烧现象，无论缺少哪一个条件，燃烧都不能发生。但是，并不是上述三个条件同时存在，就一定会发生燃烧现象，还必须这三个因素相互作用才能发生燃烧。

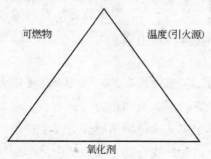

图 1.1　燃烧三角形

用燃烧三角形(图 1.1)来表示无焰燃烧的基本条件是非常确切的，但是进一步研究表明，对有焰燃烧，因为过程中存在未受抑制的游离基(自由基)作中间体,因而燃烧三角形需要增加一个坐标,形成四面体(图 1.2)。自由基是一种高度活泼的化学基团,能与其他的自由基和分子起反应,从而使燃烧按链式反应扩展,因此有焰燃烧的发生需要四个必要条件,即:可燃物、氧化剂、温度(引火源)和未受抑制的链式反应。

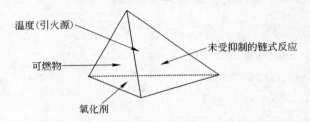

图 1.2　燃烧四面体

1. 可燃物:凡是能与空气中的氧或其他氧化剂发生燃烧化学反应的物质称为可燃物。可燃物按其物理状态分为气体可燃物、液体可燃物和固体可燃物三种类别。可燃烧物质大多是含碳和氢的化合物,某些金属如镁、铝、钙等在某些条件下也可以燃烧,还有许多物质如肼、臭氧等在高温下可以通过自己的分解而放出光和热。

2. 氧化剂:帮助和支持可燃物燃烧的物质,即能与可燃物发生氧化反应的物质称为氧化剂。燃烧过程中的氧化剂主要是空气中游离的氧,另外如氟、氯等也可以作为燃烧反应的氧化剂。

3. 温度(引火源):是指供给可燃物与氧或助燃剂发生燃烧反应的能量来源。常见的是热能,其他还有化学能、电能、机械能等转变的热能。

4. 链式反应:有焰燃烧都存在链式反应。当某种可燃物受热，它不仅会汽化，而且该可燃物的分子会发生热裂解作用从而产生自由基。自由基是一种高度活泼的化学形态，能与其他的自由基和分子反应，而使燃烧持续进行下去，这就是燃烧的链式反应。

1.1.2　燃烧的充分条件有哪些?

燃烧的充分条件有以下 4 方面：

1. 一定的可燃物浓度
2. 一定的氧气含量
3. 一定的点火能量
4. 未受抑制的链式反应

汽油的最小点火能量为 0.2 毫焦，乙醚为 0.19 毫焦，甲醇为 0.215 毫焦。对于无焰燃烧，前三个条件同时存在，相互作用，燃烧即会发生。而对于有焰燃烧，除以上三个条件，燃烧过程中存在未受抑制的游离基（自由基），形成链式反应，使燃烧能够持续下去，亦是燃烧的充分条件之一。

1.1.3　燃烧中的常用概念有哪些?

1. 闪燃：在液体（固体）表面上能产生足够的可燃蒸气，遇火能产生一闪即灭的火焰的燃烧现象称为闪燃。
2. 阴燃：没有火焰的缓慢燃烧现象称为阴燃。
3. 爆燃：以亚音速传播的爆炸称为爆燃。
4. 自燃：可燃物质在没有外部明火等火源的作用下，因受热或自身发热并蓄热所产生的自行燃烧现象称为自燃。亦即物质在无外界引火源条件下，由于其本身内部所进行的生物、物理、化学过程而产生热量，使温度上升，最后自行燃烧起来的现象。

5. 闪点：在规定的试验条件下，液体（固体）表面能产生闪燃的最低温度称为闪点。同系物中异构体比正构体的闪点低；同系物的闪点随其分子量的增加而升高，随其沸点升高而升高。各组分混合液，如汽油、煤油等，其闪点随沸点的增加而升高；低闪点液体和高闪点液体形成的混合液，其闪点低于这两种液体闪点的平均值。木材的闪点在 260℃ 左右。

闪点的意义：（1）闪点是生产厂房的火灾危险性分类的重要依据；（2）闪点是储存物品仓库的火灾危险性分类的依据；（3）闪点是甲、乙、丙类危险液体分类的依据；（4）以甲、乙、丙类液体分类为依据规定了厂房和库房的耐火等级、层数、占地面积、安全疏散、防火间距、防爆设置等；（5）以甲、乙、丙类液体的分类为依据规定了液体储罐、堆场的布置、防火间距，可燃和助燃气体储罐的防火间距，液化石油气储罐的布置、防火间距等。

6. 燃点：在规定的试验条件下，液体或固体能发生持续燃烧的最低温度称为燃点。一切液体的燃点都高于闪点。

7. 自燃点：在规定的试验条件下，可燃物质产生自燃的最低温度是该物质的自燃点。

可燃物质发生自燃的主要方式有：（1）氧化发热；（2）分解放热；（3）聚合放热；（4）吸附放热；（5）发酵放热；（6）活性物质遇水；（7）可燃物与强氧化剂的混合。

影响液体、气体可燃物自燃点的主要因素有：（1）压力：压力越高，自燃点越低；（2）氧浓度：混合气体中氧浓度越高，自燃点越低；（3）催化：活性催化剂能降低自燃点，钝性催化剂能提高自燃点；（4）容器的材质和内径：器壁的不同材质有不同的催化作用；容器直径越小，自燃点越高。

影响固体可燃物自燃点的主要因素有：（1）受热熔融：熔融后可视液体、气体的情况；（2）挥发物的数量：挥发出的可燃物越多，其自燃点越低；（3）固体的颗粒度：固体颗粒越细，其比表面积就越大，自燃点越低；（4）受热时间：可燃固体长时间受热，其自燃点会有所降低。

8. 氧指数：是指在规定条件下，固体材料在氧、氮混合气流中，维持平稳燃烧所需的最低氧含量。氧指数高表示材料不易燃烧，氧指数低表示材料容易燃烧。一般认为，氧指数＜22，属易燃材料；氧指数在 22～27 之间，属可燃材料；氧指数＞27，属难燃材料。

9. 可燃液体的燃烧特点：可燃液体的燃烧实际上是可燃蒸气的燃烧，因此，液体是否能发生燃烧，燃烧速率的高低与液体的蒸气压、闪点、沸点和蒸发速率等性质有关。在不同类型油类的敞口贮罐的火灾中容易出现三种特殊现象：沸溢、喷溅和冒泡。

10. 突沸现象：液体在燃烧过程中，由于不断向液层内传热，会使含有水分、黏度大、沸点在 100℃ 以上的重油、原油产生沸溢和喷溅现象，造成大面积火灾，这种现象称为突沸现象。能产生突沸现象的油品称为沸溢性油品。

液体火灾危险分类及分级是根据其闪点来划分的，分为甲类(一级易燃液体)：液体闪点低于 28℃；乙类(二级易燃液体)：闪点在 28℃ 至小于 60℃ 之间；丙类(可燃液体)：液体闪点不低于 60℃ 三种。

固体可燃物必须经过受热、蒸发、热分解，固体上方可燃气体浓度达到燃烧极限，才能持续不断地发生燃烧。燃烧方式分为：蒸发燃烧、分解燃烧、表面燃烧和阴燃四种。一些固体可燃物在空气不流通、加热温度较低或含水分较高时会发生阴燃，如成捆堆放的棉、麻、纸张及大堆垛的煤、草、湿木材等。

1.2 热传播的途径和火灾蔓延的途径有哪些？

火灾的发生、发展就是一个火灾发展蔓延、能量传播的过程。热传播是影响火灾发展的决定性因素。热量传播有以下三种途径：热传导、热对流和热辐射。

1. 热传导：是指热量通过直接接触的物体，从温度较高部位传递到温度较低部位的过程。影响热传导的主要因素是：温差、导热系数和导热物体的厚度和截面积。导热系数越大、厚度越小，传导的热量越多。

2. 热对流是指热量通过流动介质，由空间的一处传播到另一处的现象。火场中通风孔洞面积越大，热对流的速度越快；通风孔洞所处位置越高，热对流速度越快。热对流是热传播的重要方式，是影响初期火灾发展的最主要因素。

3. 热辐射是指以电磁波形式传递热量的现象。当火灾处于发展阶段时，热辐射成为热传播的主要形式。

火灾在建筑物之间和建筑物内部的主要蔓延途径有：建筑物的外窗、洞口；突出于建筑物防火结构的可燃构件；建筑物内的门窗洞口，各种管道沟和管道井，开口部位；未作防火分隔的大空间结构，未封闭的楼梯间；各种穿越隔墙或防火墙的金属构件和金属管道；未作防火处理的通风、空调管道等。

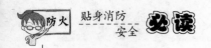

1.3　爆炸——一种燃烧的特殊方式

1.3.1　什么是爆炸？

爆炸是指由于物质急剧氧化或分解反应，使温度、压力急剧增加或使两者同时急剧增加的现象。爆炸可分为物理爆炸、化学爆炸和核爆炸。

1. 物理爆炸：由于液体变成蒸气或者气体迅速膨胀，而造成压力急速增加，并大大超过容器的极限压力而发生的爆炸。如蒸汽锅炉、液化气钢瓶等的爆炸。

2. 化学爆炸：因物质本身起化学反应，产生大量气体和高温而发生的爆炸。如炸药的爆炸，可燃气体、液体蒸气和粉尘与空气混合物的爆炸等。化学爆炸是消防工作中防止爆炸的重点。

1.3.2　什么是爆炸极限？

爆炸极限是指可燃气体、蒸气或粉尘与空气混合后，遇火产生爆炸的最高或最低浓度。通常以体积百分数表示。

可燃气体、蒸气或粉尘与空气组成的混合物，能使火焰传播的最低浓度称为该气体或蒸气的爆炸下限，也称燃烧下限。相反地，能使火焰传播的最高浓度称为该气体或蒸气的爆炸上限，也称燃烧上限。

《建筑设计防火规范》中将爆炸下限小于10％的气体划分为甲类气体，少数爆炸下限大于等于10％的气体划分为乙类气体。

1.3.3 影响爆炸极限的因素有哪些?

1. 爆炸极限值受各种因素变化的影响,主要有:初始温度、初始压力、惰性介质及杂质、混合物中氧含量、点火源等。

2. 初始温度高,爆炸极限范围大;初始压力高,爆炸极限范围大;混合物中加入惰性气体,爆炸极限范围缩小,特别对爆炸上限的影响更大。混合物含氧量增加,爆炸下限降低,爆炸上限上升。

1.3.4 粉尘爆炸的特点有哪些?

1. 粉尘爆炸的条件:(1)粉尘本身必须是可燃性的;(2)粉尘必须具有相当大的比表面积;(3)粉尘必须悬浮在空气中,与空气混合形成爆炸极限范围内的混合物;(4)有足够的点火能量。

2. 影响粉尘爆炸的因素:(1)颗粒的尺寸;(2)粉尘浓度;(3)空气的含水量;(4)含氧量;(5)可燃气体含量。颗粒越小,其比表面积越大,氧吸附也越多,在空气中悬浮时间越长,爆炸危险性越大。空气中含水量越高、粉尘越小、引爆能量越高。随着含氧量的增加,爆炸浓度范围扩大。有粉尘的环境中存在可燃性气体时,会大大增加粉尘爆炸的危险性。

3. 粉尘爆炸的特点:(1)多次爆炸是粉尘爆炸的最大特点;(2)粉尘爆炸所需的最小点火能量较高,一般在几十毫焦以上;(3)与可燃性气体爆炸相比,粉尘爆炸压力上升较缓慢,较高压力持续时间长,释放的能量大,破坏力强。

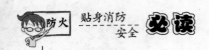

1.4 燃烧产物及其毒性都有什么？

燃烧产物是指由燃烧或热解作用产生的全部物质。燃烧产物包括：燃烧生成的气体、能量、可见烟等。燃烧生成的气体一般是指：一氧化碳、氰化氢、二氧化碳、丙烯醛、氯化氢、二氧化硫等。

火灾统计表明，火灾中死亡人数大约 80% 是由于吸入火灾中燃烧产生的有毒烟气而致死的。火灾产生的烟气中含有大量的有毒成分，如一氧化碳、二氧化碳、氰化氢、二氧化硫、二氧化氮等。二氧化碳是主要的燃烧产物之一，而一氧化碳是火灾中致死的主要燃烧产物之一，其毒性在于对血液中血红蛋白的高亲和性，其亲和力比氧气高出 250 倍，最容易引起供氧不足而危及生命。

1.5 什么是火灾？

火灾是在时间和空间上失去控制的燃烧所造成的灾害。

1.5.1 火灾的危害有哪些？

火是人类从野蛮进化到文明的重要标志。但火和其他事物一样具有两重性，一方面给人类带来了光明和温暖，带来了健康和智慧，从而促进了人类物质文明的不断发展；另一方面，火又是一种具有很大破坏性的多发性的灾害，随着人们在生产生活中用火用电的不断增多，可能由于人们用火用电管理不慎、设备故障或者放火等原因而不断产生火灾，对人类的生命财产构成了巨大的威胁。

以下列出近年的一些重大特大火灾案例:

1994年12月8日下午,新疆克拉玛依市、新疆石油管理局为迎接自治区教委工作检查,在克拉玛依市友谊宾馆由克拉玛依市教委组织现场文艺汇报演出,由于光柱灯烤燃纱幕而引起火灾,当时七个安全出口仅有一个打开,造成325人死亡、130人受伤,经济损失211万元,其中280多名中小学生死亡。

1994年11月27日下午1时30分,辽宁省阜新市面积200多平方米的艺苑歌舞厅营业时由于一17岁男青年点烟后将燃烧的报纸随手扔到沙发座下,造成特大火灾,死亡233人、烧伤20人。

1995年12月8日晚21时40分,广东省广州市装修豪华的"广涛阁芬兰浴"大楼发生火灾,烧死18人,经济损失145万元。

1993年8月12日22时左右,北京十大商厦的隆福大厦发生火灾,造成直接经济损失2149万元,34人受伤。

1998年5月5日下午5时35分,北京玉泉营环岛家具城由于电铃线圈过热引起大火,造成经济损失近亿元。

1991年5月30日凌晨3时30分,广东东莞兴业制衣厂工人乱扔的烟头引燃可燃物起火,造成死亡72人、伤47人,直接经济损失190万元的特大火灾,这是一起典型的三合一厂房火灾事故。

1987年3月15日凌晨2时39分,我国最大的麻纺企业哈尔滨亚麻厂发生粉尘爆炸事故,死亡58人、伤82人,直接经济损失650万元。

1989 年 3 月 5 日下午 3 时许，西安煤气公司液化气发生泄露着火，引起储罐爆炸，造成 44 人伤亡（其中死亡 11 人，包括消防人员 7 人、液化气站工作人员 4 人）。

1989 年 8 月 12 日上午 9 时 55 分，山东省黄岛油库雷击引起火灾，火灾中发生喷溅、爆炸，造成死亡 19 人（消防官兵 14 人、油库职工 5 人），伤 78 人（消防官兵 66 人、油库职工 11 人），直接经济损失 3540 万元。并因原油流入海洋使 130 公里海岸线受到污染，海产品损失和清理污染也需要数千万元。

1988 年 1 月 7 日，272 次列车因旅客郭某违章携带的易燃易爆品油漆泄露，郭点烟后随手扔掉的火柴梗引起火灾，造成死亡 34 人、伤 30 人，6 节车厢烧毁，直接经济损失 149 万元。

由以上火灾事故可以看出，火灾对人类的危害是巨大的。它能烧尽茂密的森林和广袤的草原，使宝贵的自然资源化为乌有，还污染大气，破坏生态环境；能烧尽人类经过辛勤劳动创造的物质财富，使工厂、仓库、城镇、乡村和大量的生产、生活资料化为灰烬，影响社会经济的发展和人们的正常生活；能烧尽大量文物古建筑等许多人类文明，毁灭人类历史的文化遗产，造成无法挽回和弥补的损失；甚至还涂炭生灵，夺去许多人的生命和健康，造成难以消除的身心痛苦。

因此，如何正确地使用火和防止火灾的发生，是我们生活生产中的一项十分重要的工作。

1.5.2 什么是火灾，它是怎么分类的？

火灾的定义是：在时间和空间上失去控制的燃烧所造成的

灾害。

火灾分为 A、B、C、D 四类。

A 类火灾指固体物质火灾，如木材、棉、毛、麻、纸张等引起的火灾；

B 类火灾指液体火灾和可熔化的固体物质火灾，如汽油、煤油、原油、甲醇、乙醇、沥青、石蜡等引起的火灾；

C 类火灾指气体火灾，如煤气、天然气、甲烷、乙烷、丙烷、氢气等引起的火灾；

D 类火灾指金属火灾，如钾、钠、镁、钛、锆、锂、铝镁合金等引起的火灾。

1.6　灭火的基本原理

由燃烧所必须具备的几个基本条件可以得知，灭火就是破坏燃烧条件使燃烧反应终止的过程。其基本原理归纳为以下四个方面：冷却、窒息、隔离和化学抑制。前三种是物理作用，化学抑制是化学作用。

1. 冷却灭火：对一般可燃物来说，能够持续燃烧的条件之一就是它们在火焰或热的作用下达到了各自的着火温度。因此，对一般可燃物火灾，将可燃物冷却到其燃点或闪点温度以下，燃烧反应就会中止。水的灭火机理主要是冷却作用。

2. 窒息灭火：各种可燃物的燃烧都必须在其最低氧气浓度以上进行，否则燃烧不能持续进行。因此，通过降低燃烧物周围的氧气浓度可以起到灭火的作用。通常使用的二氧化碳、氮气、水蒸气等的灭火机理主要是窒息作用。

3. 隔离灭火：把可燃物与引火源或氧气隔离开来，燃烧

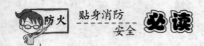

反应就会自动中止。火灾中，关闭阀门，切断流向着火区的可燃气体和液体的通道；打开有关阀门，使已经发生燃烧的容器或受到火势威胁的容器中的液体可燃物通过管道流至安全区域，都是隔离灭火的措施。

4. 化学抑制灭火：就是使用灭火剂与链式反应的中间体自由基反应，从而使燃烧的链式反应中断使燃烧不能持续进行。常用的干粉灭火剂、卤代烷灭火剂的主要灭火机理就是化学抑制作用。

■■ 趣味故事

1. 火的故事

在古人类的眼里，火来无影去无踪，神秘莫测；火鲜红耀眼，光芒四射，熠熠生辉，是一种奇异的物质，被人们视之为神之物，顶礼膜拜，以至于今日还有许多民族仍保留着对所谓"火神爷"的崇拜仪式。

汉族在民间祭祀或遇红白喜事，要点着长明灯或长燃蜡烛，这与原始社会不断火种的习俗有关。在逢年过节时，吃饭、喝酒之前，要先往火中洒、滴上一些酒，说上几句祝福保佑的话，以求平安。在亲人或朋友去世后，参加祭奠完逝者后，有"跨火"的习惯，这种习俗在许多地方至今仍保留着。

蒙古族认为"火旺"能代表家族兴旺。"蒙古"二字，蒙语意为"我们的火"。因此，除夕夜晚不但要点燃长明灯，还要举行隆重的"祭火"仪式。在成吉思汗时代，蒙古各部落的贡品，必须在火上燎过，才可送进宫廷供皇亲国戚享用。元代外国使臣晋谒蒙古皇帝，也要从皇宫内两堆火中走过，以达到净化的目的。另外，蒙古族有一种不定期"祭火经"的原始信仰风俗。每家都有火主(神)，全族还有共同尊奉的火汗(神)，遇事首先要对火祭祀，祭祀时由萨满念祷词。喇嘛教传入后，喇嘛也沿用萨满念的祷词来祭火神，加进颂佛的词句，并将这些祷词记录而成经籍，所以叫"祭火经"。

鄂温克族认为火的起源来自于神，每户的火种就是他们的祖先，各家各户必须谨慎保存好火种。即使搬迁的时候，也要随即把火种带到新居，否则火种一灭，就预示着这一家要断子绝孙，被看作是一件不吉利的事。牧区每年 12 月 23 日，太阳落山时，都要祭火种，主祭为妇女。新婚女子到婆家应先拜火，并将自己介绍给火种。在我国的浙江等地至今还保留着这种在乔迁新居时，用煤炉带火种到新屋的习惯，以预示着将来兴旺发达。

佤族每年的农历三月三日至六日，举行"取新火"的拜火习俗。届时由头人组织专人各户浇灭旧火，并向每户收取些旧灰、食盐、一碗大米及其他食品，送往祭司家中。祭司杀鸡酹酒，将鸡和所有的旧灰带到村外深埋，表示送走灾难。然后用古老的摩擦法取火、燃火，并由旁人点响土炮庆贺。然后各家用火把接燃新火，引回家中，以示引来吉祥。为庆祝取回新火，各家要用两块新春的米饼到祭司家中祭祀火神。活动结束后，举寨跳舞唱歌进行欢庆。

土家族忌恨火烟神，据传这种神蛇身牛首，掌管人间烟火，专司烧屋火灾，是邪恶之神。在传说中，远古时代火烟神居住在湘鄂川黔四省交界的武陵山脉一带，见土家族生活比天上还舒服，顿生妒嫉之意，于是先后两次放火烧山，导致山寨颗粒无收，饿死了不少人。后来，人们特意在每年的 4 月 18 日举行"抢烟火"仪式，用大竹扎纸船来驱逐火烟神，以寻求

15

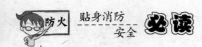
幸福美满的生活。

彝族的"火把节"是人们用来表示感情的传统节日。时间从每年的农历六月二十四日起，历时1～3天，白天人们相互饮酒祝贺，举行摔跤、斗牛、射箭、赛马等活动。夜晚人们汇集在村头、寨边或广场，举行篝火晚会，燃起无数支火把在田间迴转奔跑，表示向"天虫"宣战。另外，彝族人还有祭奠火塘的习俗，饭前由家庭主妇选一块最肥的肉，投入火塘的烈火中，以祈求火神不要降临火灾。

赫哲族认为火是神，故对火十分崇敬，烧柴时要顺着放整齐，先从稍头烧起，不能乱烧。出外打猎若遇见火烧灰堆时，也要下马磕头，久而久之，就形成了其具有民族特色的"敬火"风俗。

水族在除夕之夜，家家都要在火塘内"点新火"，以祈祷新的一年更加幸福、美满。

台湾高山族在除夕之夜，都要在门前放个火盆，里面点燃稻草，然后让家中的男人从火上跳过，以求新的一年健康强壮。

2. 我国历史上的几把大火

最大的武器库火灾：公元295年，洛阳武器库发生火灾，装备20万军队的器械全部烧尽。

最大的寺庙火灾：公元534年2月，洛阳永宁寺大火，火烧3月不灭，寺庙房尽毁。

最大的城市火灾：公元1201年，杭州大火，延烧58097家城内外垣10余里，死者不可计。

最大的火药库火灾：公元1626年5月，北京干茶厂火药起火爆炸，炸塌房屋1.09万间，死亡3000余人。

最大的纵火案：1860 年 10 月 6 日，八国联军侵入圆明园，17 日至 19 日纵火烧毁 100 多处建筑群，面积达 16 万平米。

死亡人数最多的火灾：1945 年广州剧院发生的火灾，死亡人数 1670 人。

最大的森林火灾：1987 年 5 月 6 日，我国大兴安岭森林发生火灾，过火面积 101 公顷，烧毁木材 85.3 万立方米，房屋 61.4 万平方米，5 万余人无家可归。

3. 最早的消防队

世界第一支国家建立的城市消防队

在宋朝，管理公众事务的消防治理，最突出的成就在于建立了世界上第一支由国家建立的城市消防队。这种城市消防队，无论从组织形式及其本质，都与今天的城市公安消防队没有大的区别，具有以下一些特点：

（1）将城市划分若干区域，每个区域内于高处建立望火楼，楼下有屋数间，这是消防队的专用建筑。

（2）每座望火楼下驻扎军兵百余人，这是一支力量相当充足的扑救火灾专业队伍。

（3）配备水桶、火钩、麻搭、铁猫儿等 10 余钟扑救火灾用的器材设备。

（4）建立报警系统，在望火楼上派专人瞭望火情，在各厢、坊的军巡捕还设有"探火兵"，发生火警，有"马军飞报"。

（5）一旦发生火灾，望火楼下的军兵，很快出动，迅速扑灭。

（6）望火楼的建筑是"官屋"，驻扎的人员是国家军队中的军兵，扑救火灾"不劳百姓"，清楚地表明，这是一支完全由国家建立的公益性的专门扑救火灾的专业队伍。

因此，白寿彝主编的《中国通史》认为："这是世界城市史上最早的专业消防队。"

这支国家消防队创建于北宋首都开封，创建的起始时间尚难断定，经大量考证，最迟在北宋仁宗至和三年（1056年），距今944年前已经建立。到南宋淳祐十二年（1252年），杭州已有消防队20隅、7队，总计5100人，望火楼10座。

18

第2章

家 庭 防 火 篇

近年来，随着人民生活水平的提高，家庭自动化、电气化的不断普及，燃气逐渐进入家庭，用火、用电、用气十分普遍。然而，居民的防火安全意识并没有随着家庭的现代化同步提高，家庭成员对防火知识的匮乏令人担忧，从而导致因乱接电线、盲目增加大功率电器、用火用气不慎引起的火灾事故频频发生。

据统计，2004 年，共发生城乡居民住宅火灾 55249 起，死亡 1774 人，受伤 1258 人，直接财产损失 21536 万元，火灾起数占总数的 21.9%。2005 年，村民、居民住宅共发生火灾 55456 起，占全国火灾总数的 23.5%；死亡 1795 人，占全国火灾死亡总数的 71.9%；受伤 1008 人，占全国火灾受伤总数的 40.2%；直接财产损失 21988.3 万元，占全国火灾损失总数的 16.1%。

导致城乡居民住宅火灾的主要原因是燃气使用不慎、电器安装使用不当、吸烟和玩火，也就是气、电、火三个方面。而现行的防火管理又无法深入到居民家庭中去，居民住宅中存在的火灾隐患更无法得到及时有效的治理。由此导致居民住宅火灾事故频频发生，因火灾导致的家庭悲剧数不胜数。

因此，要防止家庭悲剧少发生或不发生，只有依靠全体家

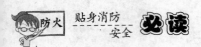

庭成员树立消防安全意识，在政府职能部门的帮助下，重视家庭这个小社会的防火安全。希望我们每个居民，每个家庭成员从自身做起，从自家做起，为创造一个安全美好的家庭生活环境，创造一个安定的社会环境做出自己的努力。

2.1 燃气安全

火灾案例

20

2005 年 1 月 28 日，天津市河西区解放南路瑞江花园梅苑13 号楼 2 门 501 单元发生管道天然气爆燃事故，造成 1 人死亡，2 人受伤，直接财产损失 111.6 万元。经调查，认定爆燃事故的原因为该单元所使用的天然气灶具进气管与胶管的连接处发生脱落，导致天然气泄漏与空气混合达到爆炸极限，遇电气火花所致。

案例分析

这次火灾表明：燃气一旦泄露发生爆炸后果非常严重，因此要求人们应该具备相应的知识避免燃气泄漏，个人是否具有消防安全意识就显得非常重要。如果认真安装燃气灶具，平时使用时注意检查，也许就不会发生这样的悲剧。

2.1.1 管道燃气的防火措施有哪些?

管道燃气是一种化学混合成分比较复杂的可燃气体，它是在一定的压力状态下输送和使用的，具有很大的火灾危险性，一旦泄漏，遇明火就会引起爆炸，后果相当严重。它的主要防火措施是：

1. 燃气管线的安装要由专业人员进行，个人不得乱拉乱接，不要把管线砌到墙里、池里或掩蔽起来，这样容易将漏泄点隐蔽起来，一旦漏气发生，十分危险。

2. 室内管线应明设，室内管线应用镀锌钢管，不要设在潮湿或有腐蚀性介质的室内，不要穿越卧室。如必须穿越，则应采取防腐措施和设置在管套中。

3. 在使用管道燃气前，要检查室内有无漏气，发现漏气时，应立即打开窗门通风，及时查找漏气处，并通知供气部门检修，在任何情况下都严禁动用明火，开启电器开关，以防引起爆炸燃烧。

4. 用气计量表具宜安装在室内通风良好的地方，严禁个人擅自更换、拆迁燃气管道、阀门、计量表等设备，如需要维修，应由供气单位进行。维修工作必须在停气时进行，停气、送气时，必须事先通知用户。管线、计量装置及阀门新安装后或维修后，应经试压、试漏，检查合格后，方可投入使用。

5. 燃具与管道的连接不宜采用软管，如必须使用时，其长度最长不超过1米，两端必须扎牢，软管老化应及时更新。每次使用完毕，应将连接管道一端的阀门关紧，以防漏气。

6. 在使用燃气灶具时，必须严格按照"先点火，后开气"的顺序进行。如未点燃，应立即关气，待燃气散尽后再点火开气。

7. 使用煤气、天然气时，要有人照看，防止沸水溢出熄灭火焰，造成燃气泄漏。

8. 严禁在燃气设施附近放置易燃、易爆物品。

9. 严禁外力冲击碰撞燃气管线，以免引起接口处松动

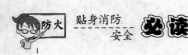

泄漏。

2.1.2 液化石油气防火措施有哪些?

液化石油气是一种成分复杂的混合气体,其主要成分有丙烷、丁烷、丙烯、丁烯和其他碳氢化合物。它无色、透明、有臭味,是一种易燃物质,在气态时比空气重(相对密度为1.5~2.0),容易在地面低洼处积聚;爆炸下限低,热值较高,遇到明火会立刻爆炸、燃烧。其防火措施是:

1. 必须严格执行液化石油气炉灶的安全技术管理规定,保证炉灶在完好的状态下使用。

2. 液化气钢瓶应直立放稳、放平,存放于厨房内通风良好的地方。灶具要距离液化气钢瓶 1 米以外,高于钢瓶顶 25 厘米以上。

3. 经常检查炉灶各部位,如发现阀门堵塞失灵、胶管老化破损等情况要立即停用修理。

4. 要正确使用液化石油气炉灶。要火等气,不要气等火。先开角阀,然后划火柴从侧面方向接近炉盘,再开启炉灶开关。

5. 用完炉火应关好炉灶的开关、角阀,以免因胶管老化泄漏、脱落或被老鼠咬破以及其他原因损坏而使气体逸出。

6. 用户在使用液化石油气瓶时,如发现角阀、减压器等部位有故障,千万不要私自拆卸和修理,如遇到这种情况时应及时送往有关部门检修。

7. 液化石油气在使用过程中,要有专人看管,锅、壶不得装水过满,以防饭、水溢出扑灭炉火或风将火吹灭,造成气体泄出,引发火灾。

8. 不要让老人、小孩和精神不正常的人或不会使用液化气的人使用液化石油气灶，要教育小孩不要玩弄液化气钢瓶或开关等。

9. 液化气钢瓶在搬运及使用的过程中，要特别注意轻拿轻放，不要出现摔、磕、碰、撞的现象，也不准随意用铁器敲打开启阀门。以防损坏气瓶造成漏气，严重者直接造成爆炸事故。

10. 液化气钢瓶应防止阳光曝晒，不允许靠近高温、热源，特别是禁止用明火烘烤，其周围环境温度不得高于35℃。

11. 液化石油气钢瓶不能倾倒、倒置使用，以免液体流出发生危险。严禁用自流方法将液化石油气从一个钢瓶串入另一个钢瓶。

12. 瓶内剩余的残液，不要自己处理，应由充装单位统一收回。

2.1.3 使用煤气前应注意什么？

使用煤气必须注意是否有臭味，确认无漏气时再开火使用，并注意通风要良好。

2.1.4 使用燃气钢瓶应注意什么？

1. 钢瓶应注意检验期限，并附有检验合格标。

2. 钢瓶应直立，且避免受猛烈振动。

3. 放置于通风良好且避免日晒场所。

4. 不可将钢瓶放倒使用。

5. 钢瓶上不可放置物品，以免引燃。

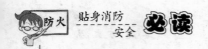
2.1.5　居民如何做好可燃气体泄漏的预防？

1. 应该由天然气或液化石油气公司指定的专业施工人员对燃气管线进行施工改造。

2. 应该到指定的或正规的天然气、液化石油气站（商店）购买专用软管和与其匹配的软管卡扣、减压阀等。

3. 软管与硬管及燃器具的连接处一定要使用专用的卡扣进行固定，不应该随便使用铁丝进行缠绕固定或没有任何的固定措施。

24

4. 软管不宜太长，不宜拖地，一般为1米左右，并且整根软管铺设后不能有受挤压的地方。

5. 定期检查和更换软管，防止软管受到意外挤压、摩擦和热辐射而老化破损。

6. 严格按有关规定使用液化石油气钢瓶，不得倾倒使用和用热水浸泡，更不得进行加热，残液不得自行处理。

7. 家中有老人和小孩的，尽量不要让他们去更换液化石油气钢瓶。

8. 使用完后，要随手关闭管道上的截门或钢瓶上的阀门，特别是患有鼻炎等嗅觉不灵敏的居民。如果长时间不在家，更要注意关闭总截门或钢瓶阀门。

9. 如果发现家中的燃气器具有故障，应该及时找厂家进行检修，不能带故障使用。

2.1.6　燃气管线是否漏气如何查知？

怀疑家中燃气管（管线）有漏气时，不可用火柴或打火机点火测试，应以肥皂泡检查有无泄漏。

2.1.7　燃气热水器如何使用最安全?

1. 必须选用经国家有关部门检测合格的热水器。
2. 燃气热水器使用燃料种类与用户使用的燃气一致。
3. 用户使用和安装燃气热水器时,应严格按生产厂家产品说明书进行。
4. 热水器固定在难燃的墙上。
5. 应装在室外通风良好的地方,如安装在室内,使用热水器时一定要打开门窗通风或采用排风扇强制排风,否则易造成窒息。
6. 要对热水器及时清除积炭,及时清洗,保证充分燃烧,发现问题及时与燃气管理部门联系。

2.1.8　煤气烟火呈现红色火焰状是什么现象?有何危险性?应如何处理?

煤气火焰正常呈淡蓝色,如发现呈红色,即表示为不完全燃烧。会产生一氧化碳中毒之危险,应立即请煤气专业人员检修、调整炉具。

2.1.9　怎样知道煤气外泄?

1. 嗅觉——家用煤气中掺有臭剂,漏出时会有臭味。
2. 视觉——煤气外泄,会造成空气中形成雾状白烟。
3. 听觉——会有"嘶嘶"的声音。
4. 触觉——手接近外泄的漏洞,会有凉凉的感觉。

2.1.10　居民如何做好可燃气体泄漏后的应急措施？

1. 当闻到家中有轻微可燃气体异味时，要进行仔细辨别和排除，如果确定是自己家有轻微泄漏的话，首先要立即开窗开门，形成通风对流，降低泄漏出的可燃气体浓度，并关闭各截门和阀门。

2. 在开窗通风的同时，要保持泄漏区域内电器设备的原有状态，避免开关电器，以防引起爆炸，如开灯（不论是拉线式还是按钮式）、开排风扇、开抽油烟机和打电话（不论是座机还是手机）等，以免产生电火花和电弧，引燃和引爆可燃气体。

3. 如果检查发现不是因燃器用具的开关未关闭或软管破损等明显原因造成的可燃气体泄漏，就要立即通知物业部门进行检修。

4. 如果是刚回家就闻到非常浓的可燃气体异味，要迅速大声喊叫"有可燃气体泄漏了"，用最快方式通知周围邻居，好让大家注意熄灭明火，避免开关电器。同时，要离开泄漏区，在可燃气体浓度较低的地方迅速拨打"119"，并说明是哪种可燃气体泄漏。

2.1.11　燃气罐着火怎么办？

燃气罐一旦着火，要用浸湿的被褥、衣物捂盖灭火，并迅速关闭阀门。

2.1.12　煤气会使人丧命吗？

1. 煤气本身并无毒性，但有麻醉及窒息性，使生物反应能力降低。

2. 煤气使用不当时，会产生大量一氧化碳，一氧化碳易与血液中的血红素结合，而造成缺氧，导致死亡。

2.1.13　产生一氧化碳中毒应该怎么办？

1. 关闭燃气开关。
2. 打开门窗通风。
3. 提供伤者新鲜空气。
4. 解开束缚、畅通呼吸道。
5. 视情况需要施行人工呼吸或心肺腹压术。
6. 燃气异味散去之前，勿开启或关闭任何电源开关，以免产生火花引起火灾。

27

2.1.14　施工不慎挖断燃气管线时，应怎么办？

如因管线施工不慎挖断燃气管线，应请附近市民立即关闭家里火源。如果管线起火勿贸然灭火，划定警戒线，并尽速报警，管线挖断处附近居民或经过行人应避免吸烟或发动汽车、机车引擎及各种电源开关以免产生爆炸或燃烧，人员则尽可能远离现场，在处理人员未达现场前，可请市民先用绳子将现场圈围，并写上"燃气外泄"等标语，以提醒过往人员及车辆。

2.2　电气安全

人类使用电有一百多年的历史了，电给人类带来光明，带来温暖，带来巨大的社会生产力。它将人类社会的科学技术水平和社会文明提升到了一个新的阶段，极大地改善了人们的生活质量，给人类带来了巨大的利益和贡献。

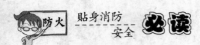
改革开放以来随着经济的飞速发展，我国的电力事业也有了长足的进步。工业和民用电量激增，产生了巨大的经济效益和社会效益。社会用电量的激增，直接反映了我国社会的生产力水平和生活文明水平长足的发展和进步。我们在看到这些喜人成绩的同时，也必须看到它的负面影响，这就是电气火灾。近年来，电气火灾次数在我国的火灾总数中比例越来越大。2005 年，在公安消防部门调查的火灾中，除原因不明的外，电气引起的有 31380 起，占 21.9%。

2.2.1　为什么容易发生电气火灾？

1. 容易产生高温。一般电气设备、线路在运行过程中，都会产生一定的温度，如 60 瓦的白炽灯其表面温度为 137～180℃；1000 瓦的碘钨灯，其表面温度为 600～800℃。功率不同表面温度不同，随着功率增大，其表面温度也逐步升高。特别是发生故障的电气设备及线路，产生的温度就更高，如导线接触不良可产生 1000℃的高温。还有电热器本身就产生高温，如电炉、电热毯、电熨斗，在使用过程中稍有不慎就可能引起火灾。

2. 容易产生电火花。电器在安装和使用过程中，接通或切断电源、线路短路或裸导线相碰，金属件碰到裸导线，电线接头处接触不好，产生松动等，都会产生电火花或电弧。电弧的温度可达 3000℃，这样的高温能引燃大多数可燃物。

3. 电气设备陈旧、线路老化长期得不到更换，也是极易引发电气火灾的原因之一。导线在正常情况下大约使用 25 年左右，如果使用条件差，如没有按具体环境选择导线的类型，导线长期处于过负荷状态，这样就加速导线绝缘老化、损坏，容易诱发电气火灾的发生。

4. 用电负荷增大。随着人民生活水平的提高，城乡居民家庭用电越来越多，电视机、洗衣机、电冰箱、电饭锅、电风扇、电熨斗等已为普通家庭所拥有，使用电热器、空调器、微波炉、录像机、组合音响、美容用电器等居民也占有很大比例，加上名目繁多的照明灯具。而这些居民家庭电气线路的敷设，大部分没有考虑到现代家用电器的安全载流量，用电负荷过大，极易造成电气火灾。

2.2.2　居民住宅中如何安全用电？

1. 合理安装配电盘。要将配电盘安装在室外安全的地方，配电盘下切勿堆放柴草和衣物等易燃、可燃物品，防止保险丝熔化后炽热的熔珠掉落将物品引燃。保险丝的选用要根据家庭最大用电量，不可随意更换粗保险丝或用铜丝、铁丝、铝丝代替。有条件的家庭宜安装合格的空气开关或漏电保护装置，当用电量超负荷或发生人员触电等事故时，它可以及时动作并切断电流。

2. 正确使用电源线。家用电源线的主线至少应选用 4 平方毫米以上的铜芯线、铝皮线或塑料护套线，在干燥的屋子里可以采用一般绝缘导线，而在潮湿的屋子里则要采用有保护层的绝缘导线，对经常移动的电气设备要采用质量好的软线。对于老化严重的电线应及时更换。

3. 合理地布置电线。合理、规范布线，既美观又安全，能有效防止短路等现象的发生。如果电线采取明敷时，要防止绝缘层受损，可以选用质量好一点的电线或采用穿阻燃 PVC 塑料管保护；通过可燃装饰物表面时，要穿轻质阻燃套，有吊顶的房间其吊顶内的电线应采用金属管或阻燃 PVC 塑料管保护。对于需要穿过墙壁的电线，为了防止绝缘层破损应将硬塑料管砌于墙内，两端出口伸出墙面约 1 厘米。

4. 正确使用家用电器。首先是必须认真阅读电器使用说明书，留心其注意事项和维护保养要求。对于空调器、微波炉、电热水器和烘烤箱等家用电器一般不要频繁开关机，使用完毕后不仅要将其本身开关关闭，同时还应将电源插头拔下，有条件的最好安装单独的空气开关。对一些电容器耐压值不够的家用电器，因发热或受潮就会发生电容被击穿而导致烧毁的现象，如果发现温度异常，应断电检查，排除故障，并宜在线路中增设稳压装置。

5. 做好防火灭火工作。人离家或睡觉时，要检查电器是否断电。对于有条件的家庭，购置一个 2 公斤以上的小灭火器是非常必要的。此外，一般家里还应准备手电、绳子、毛巾等必备的防火逃生工具。一旦发生电器火灾，不要惊慌，先要及时拉闸断电，并大声向四邻呼救，拨打火警电话"119"，同时，用水、湿棉被或平时预备的灭火器迅速灭火。如果火势太大时，要适时避险，千万不要恋财，舍不得家具财物，因为生命是最重要的，逃命要紧。

2.2.3 厨房用电要注意些什么？

1. 湿手不得接触电器和电气装置，否则易触电，电灯开关最好使用拉线开关。

2. 电源保险丝不可用铜丝代替。因为铜丝熔点高，不易熔断，起不到保护电路的作用，应选用适宜的保险丝。

3. 灯头应使用螺口式，并加装安全罩。

4.电饭煲、电炒锅、电磁炉等可移动的电器,用完后除关掉开关外,还应把插头拔下,以防开关失灵。因为长时间通电会损坏电器,造成火灾。

一般家庭在正常情况下不宜使用电炉,如要用电炉应有专用线路。家用照明电路不可接用电炉,因为这样电炉电热丝容易和受热器接触而直接或间接造成触电事故。

2.2.4 荧光灯会引起火灾吗?

尽管荧光灯的灯管温度不高,可实际上由荧光灯引起的火灾也时有发生,这是何故呢?问题不在灯管,而是由荧光灯的镇流器引起的。

不同规格的荧光灯对电压和电流的要求各不一样,因此都要配装一只镇流器,用来降低电压和限制电流,镇流器由漆包线圈和硅钢片组成。其结构像一个小型变压器,所不同的是它只有一组线圈。镇流器在通电时要消耗一部分电能,并将电能转化为热能。所以,镇流器通电后,线圈和硅钢片都要发热,尤其是质量较差的就更易发热,若遇温度过高时,会使绝缘损坏,形成短路,以致引燃附近的可燃物。

因此,在购买时,要选择质量好的镇流器;在安装时,不能将镇流器直接装在可燃物上,并注意与可燃物保持一定的距离;在日常生活中,还要注意防潮防湿和注意通风,最好不要频繁地开关荧光灯。

2.2.5 微波炉能引起火灾吗?

2005年4月15日凌晨,法国巴黎市中心第九区的巴黎歌剧院旅馆发生特大火灾,火灾造成21人死亡,其中包括10名儿童。调查人员认为，15 日凌晨发生的火灾可能是由一楼房间中的微波炉引起。

1. 忌使用封闭容器：加热液体时应使用广口容器，因为在封闭容器内食物加热产生的热量不容易散发，使容器内压力过高，易引起爆破事故。即使在煎煮带壳食物时，也要事先用针或筷子将壳刺破，以免加热后引起爆裂、飞溅弄脏炉壁，或者溅出伤人。

2. 忌油炸食品：因高温油会发生飞溅导致火灾。如万一不慎引起炉内起火时，切忌开门，而应先关闭电源，待火熄灭后再开门降温。

3. 忌长时间在微波炉前工作：开启微波炉后，人应远离微波炉或距离微波炉至少在 1 米之外。

4. 带壳的鸡蛋、带密封包装的食品不能直接烹调，以免爆炸。

5. 炉内应经常保持清洁。在断开电源后，使用湿布与中性洗涤剂擦拭，不要冲洗，勿让水流入炉内电器中。

2.2.6 电褥子能引起火灾吗？

2001 年 12 月 13 日，长春市吉林柴油机厂宿舍北楼，因工人侯某离家上班时未关电褥子，引燃床上被褥，于当日 13 时 53 分造成吉林柴油机厂宿舍北楼失火，火灾造成 2 人死亡，直接经济损失达 20 余万元。侯某因过失造成火灾事故，其行为已构成失火罪，被依法判处有期徒刑 3 年，缓刑 3 年。

1. 看清使用的电压与家庭电源的电压是否一样；

2. 不要弄湿电褥子，否则容易造成漏电；

3. 避免折断电热丝，防止造成短路；

4. 通电时间不能过长；

5. 普通型电褥子不要与热水袋等其他热源同时共用，以避免造成局部过热；

6. 电褥子使用完后要拔掉电源插头。

使用电褥子取暖应注意：一是购买正规厂家的电褥子。在购买中要把好质量关；二是在使用时，电褥子应平铺在床单或者薄的褥子下面，绝不能折叠起来使用。保存时应将电褥子卷成筒状切忌折叠。大多数电褥子通电 30 分钟后温度就会上升到 38℃ 左右，这时应该将调温开关拨到低温挡或者关掉电源；三是不能将电褥子铺在有尖锐突起的物体上使用；湿了的或脏的电褥子不能用手揉搓，否则会损伤电热线的绝缘层或者折断电热线，应该用软毛刷蘸水洗刷，晾干后才能使用。

2.2.7 如何预防电风扇引起的火灾？

1. 连续工作时间不宜过长，尽量间隔使用。停止使用时必须拔掉电源插头。

2. 不得让水或金属物进入电扇内部，以防引起短路打火。

3. 定期在油孔中加入机油或缝纫机油，保持润滑，避免电机发热。清除外壳污垢时要切断电源。

4. 发现耗电量大或外壳温度增高等异常情况，要及时检修。

5. 出现异常响声、冒烟、有焦味、外壳带电麻手等现象时，应迅速采取断电措施。

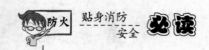
2.2.8　如何预防空调器引起的火灾？

1. 空调器开机前，应查看有无螺栓松动、风扇移位及其他异物，及时排除防止意外。

2. 空调器应安装保护装置(如热熔断保护器等)，万一发生故障，熔断器断开切断电源。

3. 使用空调器时，应严格按照空调器使用要求操作。

4. 空调器的电源和导线应留有足够的余量，并选择适当的电源保险丝，一旦过载，能及时切断电源。

5. 空调器必须采用接地或接零保护，热态绝缘电阻不低于 2 兆欧($M\Omega$)才能使用，对全封闭压缩机的密封接线座应经过耐压和绝缘试验，防止其引起外溢的冷油起火。

6. 空调器周围不得堆放易燃物品，窗帘不能搭在窗式空调器上。

7. 空调器应当在主人的严密监视下运行，人离去时，应关闸断电。即使是带有摇控装置的空调器，也不要在长时间无人的情况下使用。

2.2.9　如何预防电熨斗引起的火灾？

1. 使用电熨斗应克服马马虎虎、粗心大意的思想，不能乱放电熨斗，电熨斗通电后人员不得离开。

2. 选择合适型号的电熨斗。根据我国用户的家庭经济状况和熨烫的衣料需要，以购买调温型电熨斗比较合适。家庭经济较好的，可购买喷汽、喷雾型电熨斗。

3. 使用前要对电熨斗全面检查。看插头是不是完好，导线有没有折断之处，绝缘皮层有没有损坏使线芯裸露的地方。

然后进行通电试验。如用试电笔检查熨斗外壳带电或使用时感觉手麻木，应停止使用，修复后再用。

4. 在使用中应注意控制电熨斗的温度。使用普通型电熨斗要根据衣物纤维种类和经验控制通电时间，以保证电熨斗温度适宜。使用调温型电熨斗要旋转调温旋钮与衣物纤维名称相同的位置，这样不致烫坏衣物。

电熨斗未完全冷却不能急于收藏。即使停电亦必须切断所有电源（因一旦来电即可能造成火灾）。

5. 当熨烫暂时停止时，应将电熨斗放在耐火隔热基座上，最好是带三只腿或四只腿的专用熨斗架。这时虽然熨斗温度较高，但由于熨斗下面流通空气，台面温度就不会过高，达不到可燃物的燃点。在放熨斗的地方及开关、插座周围应避免存放可燃物，例如棉花、线头、布条等。

如果必须放置在固体表面时，应用垫板，搁放电熨斗的垫板不但要有相当的厚度（用不燃材料），而且应远离所有的可燃物，因为实验证明 4 厘米厚的红砖受热 140 分钟，砖背面温度可达 420℃；0.8 厘米厚的钢板和 1.5 厘米厚的石棉板在分别受热 90 分钟和 68 分钟后，其背面温度可达 280℃，这样的温度已达到一般织物的燃点。

6. 按说明书要求安装、连接，电源电压要符合要求。供电线路和电熨斗引出线要有足够的截面，防止过荷。

7. 使用电熨斗较多的服装行业，其用电线路应与照明及其他动力线路分开设置，以便于设专人管理，分别控制。

8. 当电熨斗使用完后，应立即拔掉电源插头，待其冷却至常温后，人再离开。若在使用中突然停电，应拔下插头，以防来电后电熨斗升温造成火灾事故。

2.2.10　如何预防电视机引起的火灾？

1. 电视机要放在通风良好的地方，不要放在柜、橱中，如果要放在柜、橱中，其柜、橱上应多开些孔洞（尤其是电视机散热孔的相应部位），以利于通风散热。

2. 电视机不要靠近火炉、暖气管。连续收看时间不宜过长，一般连续收看 4～5 小时后应关机一段时间，高温季节尤其不宜长时间收看。

3. 电源电压要正常，看完电视后，要切断电源。

4. 电视机应放在干燥处，在多雨季节，应注意电视机防潮，电视机若长期不用，要每隔一段时间使用几小时。电视机在使用过程中，要防止液体进入电视机。

5. 室外天线或共用天线要有防雷设施。避雷器要有良好的接地，雷雨天尽量不用室外天线。

6. 电视机冒烟或发出焦味，要立即关机。若是电视机起火，应先拔下电源插头，切断电源，用干粉灭火器灭火。没有灭火器时，可用棉被、棉毯将电视机盖上，隔绝空气，窒息灭火。切忌用水浇，因为电视机此时温度较高，显像管骤然受冷会发生爆炸。

2.2.11　电冰箱能引起火灾吗？

2006 年 4 月 6 日下午 4 点左右，沈阳和平区北四经街 8 号一居民楼二楼升起了浓烟，由于消防战士及时赶到，并没有造成太大的损失。经勘查，火灾是由冰箱着火引起的。防止电冰箱引发的火灾措施有：

1. 电冰箱内部不要存放化学危险品；如果必须存放，则

36

应注意容器要绝对密封，严防其泄漏。

2. 保证电冰箱后部干燥通风，不要在电冰箱后面塞放可燃物；电冰箱的电源线不要与压缩机、冷凝器接触。

3. 电冰箱电气控制装备失灵时，要立即停机检查修理。要防止温控电气开关进水受潮。

4. 电冰箱断电后，至少要过 5 分钟才可重新启动。

5. 电冰箱背面机械部分由于温度较高，电源线不要贴近该处，以防烧坏电源线，造成短路或漏电。

2.2.12　如何预防洗衣机引起的火灾？

1. 使用洗衣机前要接好电线，预防漏电触电。

2. 放衣前，应检查衣服口袋是否有钥匙、小刀、硬币等物品，这些硬物不要进入洗衣机内。

3. 每次所洗衣物的量不要超过洗衣机的额定容量，否则由于负荷过重可能损坏电机。

4. 严禁把汽油等易燃液体擦过的衣服立即放入洗衣机内洗涤。更不能为除去油污而向洗衣机内倒汽油。

5. 经常检查电源引线的绝缘层是否完好，如果已经磨破、老化或有裂纹，要及时更换。经常检查洗衣机是否漏水，发现漏水应停止使用，尽快修理。洗衣机应放在比较干燥、通风的地方。

6. 接通电源后，如果电机不转，应立即断电，排除故障后再用。如果定时器、选择开关接触不良，应停止使用。

2.2.13　如何预防饮水机引起的火灾？

1. 家中无人或者晚上休息时，务必将饮水机电源开关

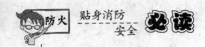

关掉。

2. 一桶水用完时，应马上换新水，否则长时间干烧会导致饮水机里加热器产生的热量不能及时散发，到一定温度就可能引发火灾。

3. 饮水机附近不要放置可燃物，以防着火后火势蔓延。

4. 在购买饮水机时，一定要到正规商场购买有质量保证的商品。

2. 2. 14 夏季使用电器应注意什么？

1. 对于电视机、空调等电器，夏季使用时间不可持续过长，一般不要超过 10 小时，特别是电视机，最好收看四五个小时后就停用，并采取散热措施；对于电热水器，要时常检查其自动调节装置是否损坏，以免过热引起爆炸或火灾；冰箱也应放在较通风的地方。

2. 切忌在衣柜里装设电灯烘烤衣物。

3. 对夏季使用频繁的电器，如电热淋浴器、台扇、洗衣机等，要采取一些实用的措施，防止触电，如经常用电笔测试金属外壳是否带电，加装触电保安器(漏电开关)等。

4. 夏季雨水多，使用水也多，如不慎家中浸水，首先应切断电源，即把家中的总开关或熔丝拉掉，以防止正在使用的家用电器因浸水、绝缘损坏而发生事故。其次在切断电源后，将可能浸水的家用电器搬移到不浸水的地方，防止绝缘浸水受潮，影响以后的使用。如果电器设备已浸水，绝缘受潮的可能性很大，在再次使用前，应对设备的绝缘用专用的摇表测试绝缘电阻。如达到规定要求，可以使用，否则要对绝缘进行干燥处理，直到绝缘良好为止。

5. 夏季家电使用频繁可能导致保险丝熔断，这是用电过量的预告，切不可将保险丝愈换愈粗，以免短路时不能及时熔断，引起电线着火。

6. 闲置的电器或使用完的电器应拔掉电源插头。

2.2.15　电气装修中要注意什么?

电气装修时，如室内电路布线，开关插座的布置，吊灯、吊扇的安装等不能只贪图方便，追求美观和节省材料，更要从安全的角度去考虑整个装修，避免埋下事故隐患。装修中应注意以下几点：

1. 应该请经过考试合格、具有电工证的电工给您进行电气装修。

2. 所使用的电气材料必须是合格产品，如电线、开关、插座、漏电开关、灯具等。

3. 在住宅的进线处，一定要加装带有漏电开关的配电箱。因为有了漏电开关，一旦家中发生漏电现象，如电器外壳带电、人身触电等，漏电开关会跳闸，从而保证人身安全。

4. 屋内布线时，应将插座回路和照明回路分开布线，插座回路应采用截面不小于2.5平方毫米的单股绝缘铜线，照明回路应采用截面不小于1.5平方毫米的单股绝缘铜线。一般可使用塑料护套线。

5. 具体布线时，所采用的塑料护套线或其他绝缘导线不得直接埋设在水泥或石灰粉刷层内。因为直接埋墙内的导线，抽不出、拔不动，一旦某段线路发生损坏需要调换，只能凿开墙面重新布线，而换线时，中间还不能有接头，因为

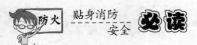

接头直接埋在墙内，随着时间的推移，接头处的绝缘胶布会老化，长期埋在墙内就会造成漏电。另外，大多数家庭的布线不会按图施工，也不会保存准确的布线图纸档案，当在家中墙内的导线损坏，甚至钉子钉穿了导线造成相、中线短路，轻者爆断熔丝，重者短路时产生的电火花灼伤钉钉子的人，甚至引起火灾。如果钉子只钉在相线上，钉子带电，人又站在地上，就很可能发生触电伤亡事故。所以，应该穿管埋设。

6. 插座安装高度一般距离地面高度 1.3 米，最低不应低于 0.15 米，插座接线时，对单相两孔插座，面对插座的左孔接工作零线，右孔接相线；对单相三孔插座，面对插座的左孔接工作零线，右孔接相线，上孔接零干线或接地线。严禁上孔与左孔用导线相连。

7. 壁式开关安装高度一般距离地面高度不低于 1.3 米，距门框为 0.15～0.2 米。开关的接线应接在被控制的灯具或电器的相线上。

8. 吊扇安装时，扇叶距地面的高度不应低于 2.5 米。吊灯安装时，灯具质量在 1 公斤以下时，可利用软导线作自身吊装，但在吊线盒及灯头内的软导线必须打结，灯具质量超过 1 公斤时，应采用吊链、吊钩等，螺栓上端应与建筑物的预埋件连接，导线不应受力。

2.2.16　房子的电线应多久检查一次？找谁检查？如何检查？

根据规定每三年要检查一次，向当地有合格证件的专业人员申请，利用"高阻计"检查。

2.2.17 电线捆绑将造成什么后果?

电线遭捆绑,可能造成电线部分折断,产生高阻抗,使电线发热,进而造成电线失火。

2.2.18 电线为什么要避免重物压住?

如果电线被重物压住,可能造成电线部分折断,产生高阻抗使电线发热及绝缘外表破损,而造成电线短路。

2.2.19 家用电器的使用,最常引起的危险是什么?

长时间使用家用电器,配线或电机会因过热而破坏绝缘,造成电线短路引起火灾。

2.2.20 最常发生电线短路的位置是什么地方?

插座及插头接触部位,电线外露受外力损坏或电器过热,造成内部短路。

2.2.21 电器插头为什么要时常擦试?

电器插头不常擦拭,就会在插头两极逐渐积灰尘、毛发或产生铜绿,增加电阻抗,进而产生火灾。

2.2.22 用其他金属代替保险丝,会造成什么危险?

用电过载,电线融断引起火灾。

2.2.23 变压器爆炸或电线掉落地面,应如何处理?

请立即通知电力公司,并代为看守现场。不要让行人或车

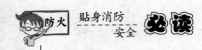

辆靠近（通行），以免发生触电危险。

2.2.24 电表外壳或水管用手碰触有一点麻麻漏电的现象，如何处理？

请立即通知电力公司（或区营业处）或委托电器承装业，迅速派人处理。

2.2.25 家用电器或线路着火应该怎样扑救？

1. 立即关机，拔下电源插头或拉下总闸，如只发现电器打火冒烟，断电后，火即自行熄灭。

2. 如果是导线绝缘体和电器外壳等可燃材料着火时，可用湿棉被等覆盖物封闭窒息灭火。

3. 不可直接泼水灭火，以防触电或电器爆炸伤人。

4. 家用电器发生火灾后未经修理不得接通电源使用，以免触电、发生火灾事故。

5. 在没有切断电源的情况下，千万不能用水或泡沫灭火剂扑灭电器火灾，否则，扑救人员随时都有触电的危险。

2.2.26 如果触电了怎么办？

触电是一种电损伤，即一定量的电流通过人体，引起肌体损伤或功能障碍，甚至死亡。触电对人体的危害是相当大的。触电者大多会产生心慌、惊恐、面色苍白、乏力、头晕等症状。触电严重的人还会抽搐、休克、死亡。触电还有可能造成并发症，比如失明、耳聋、精神失常、瘫痪。而且，触电时间越长，对生命的危害性就越大。

1. 在遇到伙伴触电时，要积极想办法救助，以使他们及早脱离危险，减轻触电所造成的危害。

2. 要避免触电，需先懂得一些安全用电常识。一般室内电线的安装分明装与暗装两种。电线要用防潮耐蚀、粗细合适的塑料护套线。电线接头外面要紧缠黑胶布。电线上不能晾挂衣服、物品，晾晒衣服的绳子或铁丝不要拴在安电线的柱子上或离电线近的地方。

3. 当独自在家时，不要随便玩弄电器，也不要去拔插销开关。如果开关有损坏的地方，一旦触摸就很容易电伤自己。

4. 如果家里要买新电器，要精心挑选，使用前仔细阅读说明书，严格按照要求去做。

5. 如果有亲人或伙伴触了电，首先要作的是切断电源。假如一时找不到电源，可用干燥的木棍、竹竿拨开电线，千万不能用金属或湿木材接触被电者，也不能直接接触伤者，以免自己发生触电事故。如果在短时间内找不到合适的东西拨电线，或者伤员已经呼吸微弱，这时要想办法将电线剪断、砍断，从而使触电者脱离电源。

6. 如果触电者正好跌倒在潮湿的地方，这种情况下，必须穿胶鞋或站在干燥的木板上救人。如果触电者接触的是1000伏以上的高压电，千万不要因为救人心切而贸然接近伤者，强大的电流会连你也不放过。只有关了电源，才能接触触电者。

2.2.27 家庭如何做好静电和雷击火灾的预防？

1. 严禁采用塑料桶储存汽油或用塑料桶给车辆加油。

2. 房屋如有高耸构件应设避雷装置。

3. 电闪雷鸣时禁止使用室外接收天线收看电视节目。

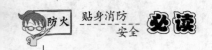

2.2.28 电气火灾应如何扑救?

当电力线路、电气设备发生火灾，引着附近的可燃物时，一般都应采取断电灭火的方法，即根据火场不同情况，及时切断电源，然后进行扑救。要注意千万不能先用水救火，因为电器一般来说都是带电的，而泼上去的水是能导电的，用水救火可能会使人触电，而且还达不到救火的目的，损失会更加惨重。发生电气火灾，只有确定电源已经被切断的情况下，才可以用水来灭火。在不能确定电源是否被切断的情况下，可用干粉、二氧化碳、四氯化碳等灭火剂扑救。

电器着火中，比较危险的是电视机和电脑着火。如果电视机和电脑着火，即使关掉电源，拔下插头，它们的荧光屏和显像管也有可能爆炸。为了有效地防止爆炸，应该按照下列方法去做：电视机或电脑发生冒烟起火时，应该马上拔掉总电源插头，然后用湿地毯或湿棉被等盖住它们，这样既能有效阻止烟火蔓延，一旦爆炸，也能挡住荧光屏的玻璃碎片。注意切勿向电视机和电脑泼水或使用任何灭火器，因为温度的突然降低，会使炽热的显像管立即发生爆炸。此外，电视机和电脑内仍带有剩余电流，泼水可能引起触电。灭火时，不能正面接近它们，为了防止显像管爆炸伤人，只能从侧面或后面接近电视机或电脑。

2.3 用火安全

火灾案例

1995 年 10 月 12 日，某市区一住户在自己家的阁楼上敬菩萨，点燃了香和油灯，敬完菩萨后，未等香和油灯燃尽，就到楼下睡觉，造成火灾，烧毁房屋 3355 平方米，受灾户 45户、82 人，直接经济损失 56.4 万元。

案例分析

用火不慎一直是我国火灾的主要原因，此次火灾就充分反映了目前我国人民防火意识的淡薄和防火知识的匮乏，如果能意识到危害的严重性，可能就会避免很多类似事故的发生。

2.3.1 煤炉灶的防火措施有哪些？

使用煤炉灶在我国比较普遍。它一般都用金属材料制成炉体和烟囱，表面热辐射强，加上一般的居民通常把煤块、木材、杂纸等易燃物堆在炉灶周围，稍有不慎就有可能发生火灾。其防火措施是：

1. 砌筑烟囱、炉灶时，要选择合适的建筑材料，砌筑应在黏土浆中掺入适量的砂子，防止炉体、烟道因材质不良而开裂漏火。

2. 炉灶、烟道与建筑可燃构件和其他可燃物要保持一定的安全距离。一般情况下，金属炉体、炉筒与周围可燃构件的距离应为 70～100 厘米。砖砌炉灶的门与可燃构件的距离应为 37 厘米，火墙为 30～37 厘米。若达不到规定的要求，应用石棉瓦、砖墙、金属板等不燃隔热材料隔开一定距离。

3. 烟囱在闷顶内穿过保暖层时，在其周围 50 厘米范围内应用难燃材料作隔热层隔热阻燃。隔热层应高出保暖层 60 厘米以上，保暖层上最好盖炉渣。烟囱表面刷上白浆，并不得在闷顶内开设烟囱清扫孔。烟囱应高出屋面，以防止烟囱火星穿

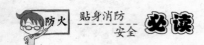

过屋面的瓦缝进入闷顶起火。

4. 火炉周围不要堆放碎纸、柴草、塑料、泡沫等可燃物质；不要在烟筒上烘烤衣物、被褥等可燃物，周围最好要存些水，以备灭火之用。

5. 炉灶内掏出的炉灰要等冷却后再倒到外面，如无地方存放必须马上外倒时，要用水将带火炉灰浇灭，将灰浇湿，然后把炉灰倒入灰坑内，以防万一热灰、火星燃着易燃物造成火灾。

6. 使用炉灶时，严禁用煤油、汽油、酒精等易燃液体引火。并注意此类易燃物体的存放、使用要与煤炉隔绝。

7. 金属烟筒与墙内烟筒连接时，插入的深度不应小于 10 厘米，两节烟筒互相套接时，搭接的长度不应小于烟筒的半径。接缝部位要用泥封死封牢。

2.3.2　冬季取暖如何防火?

使用炉火取暖时应注意：火炉的烟囱要远离电线、可燃顶棚、木墙壁和木门窗等易燃、可燃物体；炉体周围应该有不燃材质的炉挡；炉火周围不要放废纸、刨花等易燃物；清除炉灰、清倒炉渣时不要往可燃物品里乱倒，最好有个固定的安全地方，在刮风天倒炉灰时更应该注意加强防火；在烘烤衣物、被褥时，要留心看管烘烤物品，防止烘烤时间过长引起火灾；在生火时千万不要用汽油、煤油、酒精等，以免引发火灾。

2.3.3　小小烟头，夺命凶手

2003 年我国烟民已达 3.2 亿，这就相当于 3.2 亿个引火源，因此在生活用火引起的火灾中，吸烟占首位。每年因吸烟不慎造成的悲剧数不胜数。北京的一位老大爷，因卧床吸烟，不知不觉进入梦乡，未熄灭的烟头引燃床上易燃物，造成大火夺去了老大爷的生命。

烟蒂头的温度较高，其表面温度为 200～300℃，中心温度可达 700～800℃。多数可燃物质的燃点低于烟蒂头的表面温度，如纸张燃点为 130℃、麻绒燃点为 150℃、布匹燃点为 200℃、蜡烛燃点为 190℃、漆布燃点为 165℃、赛璐珞燃点为 100℃、松节油燃点为 53℃、樟脑燃点为 70℃、橡胶燃点为 120℃、黄磷燃点为 34℃、麦草燃点为 200℃。所以一旦将烟蒂扔在燃点低于烟蒂头表面温度的可燃物上，就极易引起火灾事故。

47

2.3.4 吸烟要注意什么？

1. 不要在人员密集的公共场所或有明显禁烟标志的场所吸烟。

2. 禁止在维修汽车和用油品等清洗机器零件时吸烟。

3. 不要躺在床上、沙发上吸烟，特别是不能酒后卧床吸烟；卧床老人和病人吸烟，应有人照顾，并劝其不得在昏迷状态下吸烟。

4. 吸烟时，如临时有其他事情，应将烟头熄灭后人再离开。

5. 吸烟后，应将烟头放在烟灰缸、痰盂或地面摁灭，确认无火星方可离开。切勿随意乱丢烟头，特别是在室外周围有较多易燃可燃物的场所。否则扔掉的烟头因风吹、脚踢等与可燃物质接触就可能会引起火灾。因为烟头的表面温度很高，一般可达 200～300℃，中心温度可达 700～800℃。而可燃物质的燃点大都在烟头表面温度以下，如纸张 130℃，松木 250℃。

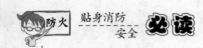

6. 划过的火柴梗，吸剩下的烟头，一定要弄灭。未熄灭的火柴梗、烟头要放进烟灰缸，不可用纸卷、火柴盒等充当烟灰缸，不可将火柴梗、烟头扔进废纸篓、垃圾道，更不可随处乱扔。

7. 点燃的香烟如果不吸，不要随处乱放，要掐灭后放进烟缸。

2.3.5　点蚊香要注意什么?

1. 点燃的蚊香要放在远离窗帘、蚊帐、床单、衣服等可燃物的地面上。如果将点燃的蚊香放在窗台等较高的物体上，若被大风吹动，蚊香可能会吹动跌落，假如落到可燃物上就会起火。

2. 点蚊香时，一定要把蚊香固定在专用的铁架上，切忌把点燃的蚊香放在可燃物上。蚊香是用除虫菊等药用植物为原料，经过研磨、调配加工而成的，具有很强的阴燃能力，点燃后虽然没有火焰，但能持续燃烧。蚊香燃烧时，其温度可达700℃左右。这种温度大大高于木材、纸张以及棉、麻、化纤织物等可燃物的燃点。如果将点燃的蚊香放在上述可燃物上，就会引起燃烧。

3. 在工作的地方，如果人员要离开，一定要把蚊香熄灭，以免留下后患。

2.3.6　停电后如何避免火灾的发生?

1. 要尽可能用应急照明灯照明。

2. 要及时切断处于使用状态的电器电源，即关闭电源开关或拔掉插头。

3．要使用有玻璃罩的油灯。

4．严禁将油灯用以灭蚊或放在堆放杂草的地方及床上。

5．点燃的蜡烛不要靠近蚊帐、门帘及其他可燃物；使用蜡烛时，要放置在不易碰到的地方，要有人看管，做到人离开或睡觉时将火熄灭；蜡烛应放在烛台上或固定在不燃烧体的物品如瓷盘上，不得放置在电视机壳、木质家具等可燃物上；不要拿蜡烛在床底下、柜橱内及其他狭小地方找东西。

6．严禁用汽油代替煤油或柴油做燃料使用。

2.3.7　儿童在日常生活中需要从哪些方面注意消防安全问题？

日常生活中，主要是培养儿童正确使用管理好火、电、气。

火，指的是一切明火，比如炉火、点燃的蜡烛、烟头等。家长或监护人要从小教育孩子不要玩火。火柴、打火机、蜡烛等引火物，不要放在孩子能拿到的地方，大人上班或外出上街时不要将孩子单独留在家里，更不应该锁在屋内，应将孩子委托邻居看管，避免小孩在家玩火成灾。再次，教育小孩不要在屋内、易燃物附近、公共娱乐场所、物资仓库、机关学校等地方燃放鞭炮烟花，也不能对准居民阳台窗口等部位燃放，以免火花飞溅引起火灾。

管理好电，主要是指预防孩子不懂事酿成的电气火灾。一方面，教育孩子不要在家中无人情况下使用音响、电脑、电视机、充电器等家电，更不能带电拆卸、修理家用电器。另一方面，大人在使用电熨斗、电吹风、电炉、电褥子、电烙铁等电器用具时千万不能离开，避免孩子在好奇心理的驱使下触动这些电器而引起触电或火灾事故。最后，教育孩子不宜用灯泡或取暖器烘烤衣物，以免过热引起火灾。

气，主要指家中使用的燃气。这里需要特别提醒的是，不要让不懂事的孩子做饭，避免油锅烫伤或炉火烤着可燃物造成火灾。

2.3.8　香薰时应注意哪些问题?

如今香薰被越来越多的现代女性所接受和迷恋。在疲劳时、紧张时、沐浴时、小憩中，点燃一种自己喜欢的香油，确有舒缓压力，放松身体，心醉神迷的美好作用。但任何事物都是一体两面，由于香薰只需加热 10 分钟或点燃至 40℃，就会起火，一旦油粘及周围易燃物，十分危险。香港一位妇女喜欢点香薰入睡，结果有一次在熟睡中不慎打翻香座，引发一场大火，自己被活活烧成焦炭。而事实上，大多数香薰油都带有放松催眠的效果。如果一个人单独在家里进行香薰，最好不要掉以轻心。追求时尚和享受毕竟不能以宝贵的生命作代价，否则就得不偿失了。

2.3.9　拜佛应注意什么问题?

1. 神像前的长明灯应设置固定灯座或置于瓷盆内。悬挂长明灯的绳子要固定好，长明灯内油料不可加得太满。

2. 蜡烛除了要有烛台外，还应加装玻璃罩，如用低压灯作蜡烛更安全。焚烧香火的香炉，一定要是金属的。

3. 祭拜完毕要将可燃物熄灭方可离开。

2.3.10　如何预防烟花火灾?

烟花爆竹一旦被火点燃，有的会腾空而起，爆出火星；有的会喷出几丈高的火焰，散发出五彩缤纷的火花。如果燃放烟花爆竹的位置或方法不当，就会引起火灾。

预防烟花火灾要做到以下几点：

1. 到正规销售网点购买正规产品。

2. 不得在电线下、公共场所、加油站等危险性大的场所燃放烟花。

3. 燃放时不要将升高类的烟花斜放或横放。

4. 不要让小孩单独燃放升高类的烟花。大人要在旁边指导。

5. 不要携带烟花乘坐公共汽车、火车、地铁等公共交通工具。

6. 买回的烟花要放置在安全地点，不要靠近火源、热源，并防止鼠咬，以防自行燃烧、爆炸。

7. 掌握正确的燃放方法，燃放后对现场要进行检查清理，消除火险隐患。

8. 不要在阳台、室内燃放。

2.3.11 在火灾初起阶段如何采取有力的措施灭火？

除了拨打"119"火警电话，讲清路线、门牌号后，派人在路口等待消防车外，家庭可采用以下灭火方法：一是扑灭火苗要就地取材，用毛毯、棉被罩住火焰，然后将火扑灭。也可及时用面盆、水桶等传水灭火，或利用楼层内的灭火器材及时扑灭大火。二是个别物品着火，要赶快把着火物搬到室外灭火。三是家用电器着火，要先切断电源，然后用毛毯、棉被覆盖窒息灭火，如仍未熄灭，再用水浇。四是煤气、天然气、液化气灶着火，要先关闭阀门，用围裙、衣物、棉被等浸水后捂盖，再往上浇水扑灭。五是将着火处附近的可燃物及液化气罐

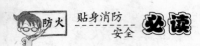

及时疏散到安全的地方。

2.3.12 如何制定家庭防火应急预案?

1. 头脑里要有一张清单,明白家里房间的一切可能逃生的出口,例如门、窗、天窗、阳台等,应该想到每间卧室至少有两个出口,即除了门,窗户也能作为紧急出口使用。知道几条逃生路线,就可以在主要通道被堵时,走别的路线求生。

2. 平时要让家庭成员,尤其是儿童了解门锁结构和怎样开窗户。要让儿童知道,在危急关头,可以用椅子或其他坚硬的东西砸碎窗户的玻璃。另外,门窗应该安装成容易开关的。

3. 可以绘一张住宅平面图,用特殊标志标明所有的门窗,标明每一条逃生路线,注明每一条路线上可能遇到的障碍,画出住宅的外部特征,标明逃生后家庭成员的集合地点。

4. 让家庭成员牢记下列逃生规则:一是睡觉时把卧室门关好,这样可以抵御热浪和浓烟的侵入。假如必须从一个房间跑到另外一个房间方能逃生,到另一房间后应随手关门。二是在开门之前先摸一下门,如果门已发热或者有烟从门缝进来,切不可开门,应准备第二条逃生路线。假如门不热,也只能慢慢打开少许迅速通过,并随手关门。三是假如出口通道被浓烟堵住,没有其他路线可走,可贴近地面,匍匐前进通过浓烟区。四是不要为穿衣服和取贵重物品而浪费时间。五是一旦到达家庭集合地点,要马上清点人数。同时,不要让任何人重返屋内,寻找和救人工作最好由专业消防人员去做。

5. 要把住宅平面图和逃生规则贴在家中显眼的地方,使所有家庭成员都能经常看到,同时,要至少半年进行一次家庭消防演习。

2.3.13 油锅着火了怎么办?

油锅着火,不能泼水灭火,应关闭炉灶燃气阀门,直接盖上锅盖或用湿抹布覆盖,令火窒息,还可向锅内放入切好的蔬菜冷却灭火。

1. 采取断气灭火。如果仅仅是罐瓶失火,并没有引燃其他物品时,可迅速用抹布、毛巾或者围裙等用水沾湿盖住钢瓶的护栏,立即关闭角阀。

2. 先灭火,后断气。如遇角阀未安好跑气或胶管断裂跑气起火,除上述讲的先断气再灭火的方法外,还可以采取先灭火后断气的方法,就是抓一把白面、炉灰或其他粉状物质,用力向火焰根部猛打,待火焰熄灭后立即关掉角阀。但一定要注意,采用先灭火后断气,而室内气体浓度较高时,要打开门窗通风,不要动火或开闭电灯,防止复燃。

3. 冷却转移法。当室内充满烟雾,火势较大,视线不清,要边扑救边寻找钢瓶,但要小心,不要把钢瓶碰倒,否则液体流出会扩大火势。找到钢瓶后要迅速用水冷却,并采取果断措施关闭角阀,转移到安全地点,防止高温烘烤使钢瓶爆炸伤人。

2.3.14 家庭防火口诀

1. 要努力学习掌握防火知识,不要存在"学不学没什么用"的思想。

2. 要全面正确掌握电器用具的使用,不要盲目购买、安装、使用超负荷的家用电器。

3. 要在家庭中减少易燃、易爆物品的存放,不要把家用的易燃、易爆物品存放在厨房或儿童易碰触到的位置。

4. 要经常清除阳台、门厅、院内的易燃、可燃堆积物，不要久置积存，并保持通道畅通。

5. 经常检查电气线路、插头、弯曲处和液化气开关等，不要使电线、插座等压在地毯下面或无序交错。

6. 要教育少年儿童不动火不玩火，不要将幼年子女独留家中。

7. 要做到使用电器、液化气等不离人，特别是电熨斗、电热杯、液化气，在使用这些电气器具时不要三心二意。

8. 要经常关照老年人的用火用电，不要任其使用。

9. 要自备防火灭火材料，发生火灾，及时扑救。

10. 要树立"预防在前"的意识，不要对已发生的家庭火灾教训无动于衷。

2. 3. 15 电脑着火了怎么办?

假若电脑着火，即使关掉机器，切断总电源，机内的元件仍然很热，并发出烈焰及有毒气体，荧光屏及显像管也随时有爆炸的可能。因此，面对着火的电脑应作下列处置:

1. 对开始冒烟或着火的电脑，应立即关机或切断总电源，然后用湿毛毯或棉被等厚物品将电脑盖住。这样既能防止毒烟的蔓延，一旦爆炸，也可挡住荧光屏玻璃碎片伤人。

2. 切记不要向着火的电脑泼水，或使用任何性质的灭火设备灭火，即使已关机的电脑也是这样，因为温度突降，会使灼热的显像管爆裂。此外，电脑内仍有剩余电流，泼水则可引起触电。

3. 切记不要在极短的时间内揭起覆盖物观看。即使想看一下燃烧情况，也只能从侧面或后面接近电脑，以防显像管爆炸伤人。

2.3.16　火场急救

根据烧伤的不同类型，可采取以下急救措施：

1. 采取有效措施扑灭身上的火焰，使伤员迅速离开致伤现场。当衣服着火时，应采用各种方法尽快灭火，如水浸、水淋、就地卧倒翻滚等，千万不可直立奔跑或站立呼喊，以免助长燃烧，引起或加重呼吸道烧伤。灭火后伤员应立即将衣服脱去，如衣服和皮肤粘在一起，可在救护人员的帮助下把未粘的部分剪去，并对创面进行包扎。

2. 防止休克、感染。为防止伤员休克和创面发生感染，应给伤员口服止痛片（有颅脑或重度呼吸道烧伤时，禁用吗啡）和磺胺类药，或肌肉注射抗生素，并口服烧伤饮料，或饮淡盐茶水、淡盐水等。一般以多次喝少量为宜，如发生呕吐、腹胀等，应停止口服。要禁止伤员单纯喝白开水或糖水，以免引起脑水肿等并发症。

3. 保护创面。在火场，对于烧伤创面一般可不作特殊处理，尽量不要弄破水泡，不能涂龙胆紫一类有色的外用药，以免影响烧伤面深度的判断。为防止创面继续污染，避免加重感染和加深创面，对创面应立即用三角巾、大纱布块、清洁的衣服和被单等，进行简单而确实的包扎。手足被烧伤时，应将各个指、趾分开包扎，以防粘连。

4. 合并伤处理。有骨折者应予以固定；有出血时应紧急止血；有颅脑、胸腹部损伤者，必须给予相应处理，并及时送医院救治。

5. 迅速送往医院救治。伤员经火场简易急救后，应尽快送往临近医院救治。护送前及护送途中要注意防止休克。搬运时动作要轻柔，行动要平稳，以尽量减少伤员痛苦。

2.3.17　腐蚀物品灼伤的急救

化学腐蚀物品对人体有腐蚀作用，易造成化学灼伤。腐蚀物品造成的灼伤与一般火灾的烧伤烫伤不同，开始时往往感觉不太疼，但发觉时组织已灼伤。所以对触及皮肤的腐蚀物品，应迅速采取急救措施。常见几种腐蚀物品触及皮肤时的急救方法如下：

1. 硫酸、发烟硫酸、硝酸、发烟硝酸、氢氟酸、氢氧化钠、氢氧化钾、氢化钙、氢碘酸、氢溴酸、氯磺酸触及皮肤时，应立即用水冲洗。如皮肤已腐烂，应用水冲洗 20 分钟以上，再护送至医院治疗。

2. 三氯化磷、三溴化磷、五氯化磷、五溴化磷、溴触及皮肤时，应立即用清水冲洗 15 分钟以上，再送往医院救治。磷烧伤可用湿毛巾包裹，禁用油质敷料，以防磷吸收引起中毒。

3. 盐酸、磷酸、偏磷酸、焦磷酸、乙酸、乙酸酐、氢氧化铵、次磷酸、氟硅酸、亚磷酸、煤焦酚触及皮肤时，立即用清水冲洗。

4. 无水三氯化铝、无水三溴化铝触及皮肤时，可先干拭，然后用大量清水冲洗。

5. 甲醛触及皮肤时，可先用水冲洗后，再用酒精擦洗，最后抹上甘油。

6. 碘触及皮肤时，可用淀粉质（如米饭等）涂擦，这样可以减轻疼痛，也能褪色。

2.3.18　火场休克的急救

火场休克是由于严重创伤、烧伤、触电、骨折的剧烈疼痛和大出血等引起的一种威胁伤员生命、极危险的严重综合症。虽然有些伤不能直接置人于死地，但如果救治不及时，由其引发的严重休克常常可以使人致命。休克的症状是口唇及面色苍白、四肢发凉、脉搏微弱、呼吸加快、出冷汗、表情淡漠、口渴，严重者可出现反应迟钝，甚至神志不清或昏迷、口唇及肢端发绀、四肢冰凉、脉搏摸不清、血压下降、无尿。预防休克和休克急救的主要方法如下：

1. 在火场上要尽快发现和抢救受伤人员，及时妥善地包扎伤口，减少出血、污染和疼痛。尤其对骨折、大关节伤和大块软组织伤，要及时地进行良好的固定。一切外出血都要及时有效地止血。凡确定有内出血的伤员，要迅速送往医院救治。

2. 对急救后的伤员，要安置在安全可靠的地方，让伤员平卧休息，并给予亲切安慰和照顾，以消除伤员思想上的顾虑。待伤员得到短时间的休息后，尽快送医院治疗。

3. 对有剧烈疼痛的伤员，要服止痛药。也可以耳针止疼，其方法是在受伤相应部位取穴，选配神门、枕、肾上腺、皮质下等穴位。

4. 对没有昏迷或无内脏损伤的伤员，要多次少量服用饮料，如姜汤、米汤、热茶水或淡盐水等。此外，冬季要注意保暖，夏季要注意防暑，有条件时要及时更换潮湿的衣服，使伤员平卧，保持呼吸通畅，必要时还应作人工呼吸。已昏迷的伤员可针刺人中、十宣、内关、涌泉穴以急救。

■■■ 趣味故事

1. 世界上最早的高层建筑火灾

是商朝灭亡时末代皇帝纣王，登鹿台，赴火而死，时间是公元前1046年，这说明中国是世界上最早拥有高层建筑的国家。现代的高层建筑起源程序于美国芝加哥，时间为1871年，也即我国的清同治十一年。这个鹿台就是高层建筑，据《史记集解》记载："其大三里，其高千尺"。按商朝一尺折合31.1厘米计算，建筑平面超过200万平方米，高310米。据专家测算，鹿台的高度为170米左右比较实际。汉朝著名的高层建筑是汉武帝建造的建章宫神明台，建于公元前124年，高132米，台上有9室，住有九天道士一百余人。北魏洛阳永宁寺塔建于公元516年，9层，据记载高272.8米，专家发掘地基分析，高132米。印度高僧菩提达摩，中国禅宗的祖师登塔后说，"非人力可为"，"实为神功"。他还说，他活了一百五十岁，周游了许多国家，这样精美的建筑，南瞻部洲没有，就是佛祖居住的西方极乐世界也找不出来。说完，念"南无"（那莫），"含掌二日"。中国古代建筑技术、艺术的发达，由此可见。这些历史上著名的高层建筑，全都毁于火灾。永宁寺塔遭雷击起火，在八层，烧了三个月，一年后地下柱子还在冒烟。

2. 世界上用文字记载的最早的火灾记录

在出土的甲骨卜辞中，经专家破译，商朝武丁时期，即公元前1271年～公元前1213年，商王武丁占卜的记录，戊戌日在某地的奴仆和宰奴，在夜间焚烧三座粮仓。

3. 世界上最早的符合现代要求的建筑规划布局，是在六千六百年前陕西临潼姜寨遗址的发现。

第3章

交通工具防火篇

随着科学技术的日新月异的发展，飞机、地铁、列车、客轮等现代化的交通工具给人带来了越来越多的方便、快捷和舒适。但同时，这些科学技术含量高、结构复杂的交通工具，如果在操作中出现微小的疏忽和失误，就可能酿成重大火灾。据统计，仅 2004 年，全国就发生交通工具火灾 8373 起，死亡31 人，伤 172 人，直接经济损失 12917 万元。其中机动车7793 起，死亡 22 人，伤 140 人，直接经济损失 12043.8 万元；列车 28 起，损失 62.1 万元；船舶 156 起，死亡 9 人，伤27 人，直接经济损失 610.0 万元；飞机 2 起，经济损失 0.7万元。

3.1　地　铁　安　全

火灾案例

2003 年 2 月 18 日，韩国大邱市地铁中央路站发生火灾，造成 135 人死亡，137 人受伤，318 人失踪。火灾是由精神病人放火所致。

最先着火的是一组 6 节列车，载有旅客约 400 人。4 分钟之后，另一组与起火列车相反方向驶来的列车也进入中央路车站，这也是一组 6 节列车，载有旅客约 400 人。后进站的这组列车的驾驶员因为害怕有毒气体进入车厢而没有及时打开车厢门疏散乘客。等再想打开列车的车门时，电被切断了，从而全体乘客都被关在了黑暗的车厢内。一些车厢的乘客找到了应急装置，用手动方式打开了车门得以逃生，但是许多车门一直未被打开。第一组列车的车厢门是开着的，乘客可以及时逃出去，但第二组列车的车门却是紧闭的。大多数死者是第二组列车上的乘客。

案例分析

大邱地铁火灾表明：地铁列车一旦着火，地铁自身的防灾系统和控制指挥系统对于人员逃生、疏散起着至关重要的作用。在此前提下，个人是否具有消防安全意识和逃生自救知识非常重要。在大邱地铁火灾中，有的人能够利用应急装置，手动打开车门，而更多的人恐怕连这些应急装置包括灭火器在哪里都不清楚。有的人虽然从列车中逃了出来，但是没有上到地面就被烟气熏倒，如果这些人能够采用正确的方法，比如：用湿的毛巾或者把衣袖弄湿捂住口鼻，低姿势迅速穿过烟气区，也许又一条鲜活的生命就可以获救了。

3.1.1　为什么地铁火灾危害性比较大？

1. 地铁里面客流量大，人员集中，一旦发生火灾，极易造成群死群伤。

2. 地铁列车的车座、顶棚及其他装饰材料大多可燃，容易造成火势蔓延扩大；有些塑料、橡胶等新型材料燃烧时还会

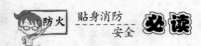

产生毒性气体，加上地下供氧不足，燃烧不完全，烟雾浓，发烟量大；同时地铁的出入口少，大量烟雾只能从一两个洞口向外涌，与地面空气对流速度慢，地下洞口的"吸风"效应使向外扩散的烟雾部分又被洞口卷吸回来，容易令人窒息。

3. 地铁内空间过大，有的火灾报警和自动喷淋等消防设施配置不完善，起火后地下电源可能会被自动切断，通风空调系统失效，失去了通风排烟作用。

4. 大量有毒烟雾和黑暗给疏散和救援工作造成困难。

3.1.2　面对地铁火灾如何逃生？

地铁运行过程中一旦出现火灾等紧急情况，列车司机和车长正确的处置方法和乘客冷静积极的配合就显得至关重要。如果乘客们既不听从司机指挥擅自行动，自己又缺乏相应的自救知识，这样非但不利于救援，反而会因为触电、踩踏、磕碰等造成更多伤亡。

当地铁在行进中突遇火灾等突发事件时，从乘客求援到救援人员赶到中间必然会有一段等待时间。在这段时间里，乘客的沉着自救非常必要。此时如果不能有效控制住惊恐慌乱的情绪，采取乱砸乱闯慌不择路的逃生方法，是非常危险的。

乘客在遇到危险或等待救援时，千万保持冷静，逐步实施一套自救方法。其中主要有：

1. 及时报警。可以利用自己的手机拨打"119"报警，也可以按动地铁列车车厢内的紧急报警按钮。在两节车厢连接处，均贴有红底黄字的"报警开关"标志，箭头指向位置即是紧急报警按钮所在位置，将紧急报警按钮向上扳动即可通知地铁列车司机，以便司机及时采取相关措施进行处理。

2. 火灾的烟雾和毒气会令人窒息，因此乘客要用随身携带的口罩、手帕或衣角捂住口鼻。如果烟味太呛，可用矿泉水、饮料等润湿布块。贴近地面逃离是避免烟气吸入的最佳方法。但不要匍匐前进，以免贻误生机。勿作深呼吸，而应用湿衣或毛巾捂住口鼻，防止烟雾进入呼吸道，迅速疏散到安全地区。视线不清时，手摸墙壁徐徐撤离。

3. 车厢座位下存有灭火器，可随时取出用于灭火。干粉灭火器位于每节车厢两个内侧车门的中间座位之下，上面贴有红色"灭火器"标志。乘客旋转拉手90°，开门取出灭火器。使用灭火器时，先要拉出保险销，然后瞄准火源，最后将灭火器手柄压下，尽量将火扑灭在萌芽状态。

4. 如果车厢内火势过猛或仍有可疑物品，乘客可通过车厢头尾的小门撤离，远离危险。

5. 如果出事时列车已到站下人，但此时忽然断电，车站会启用紧急照明灯，同时，蓄能疏散指示标志也会发光。乘客要按照标志指示撤离到站外。

6. 大量乘客向外撤离时，老年人、妇女、孩子尽量"溜边"，防止摔倒后被踩踏。发现慌乱的人群朝自己的方向拥过来，应快速躲避到一旁，或者蹲在附近的墙角下，等人群过去后，至少5分钟再离开。同时应及时联系外援，寻求帮助。例如，拨打"119"、"110"、"999"、"120"等。

7. 如果身不由己被人群拥着前进，要用一只手紧握另一手腕，双肘撑开，平放于胸前，要微微向前弯腰，形成一定的空间，保证呼吸顺畅，以免拥挤时造成窒息晕倒。同时护好双脚，以免脚趾被踩伤。如果自己被人推倒在地上，这时一定不要惊慌，应设法让身体靠近墙根或其他支撑物，把身子蜷缩成球状，双手紧扣置于颈后，虽然手臂、背部和双腿会受伤，却保护了身体的重要部位和器官。

8. 在逃生过程中一定要听从工作人员的指挥和引导疏散，决不能盲目乱窜。万一疏散通道被大火阻断，应尽量想办法延长生存时间，等待消防队员前来救援。

3.1.3　地铁逃生应该注意哪些事项？

1. 要有逃生意识。乘客进入地铁后，先要对其内部设施和结构布局进行观察，熟记疏散通道安全出口的位置。

2. 不要贪恋财物。不要因为顾及贵重物品，而浪费宝贵的逃生时间。

3. 要镇定，受到火势威胁时，千万不要盲目地相互拥挤、乱冲乱撞。要听从工作人员指挥或广播指引，要注意朝明亮处、迎着新鲜空气跑。

4. 身上着火，千万不要奔跑，可就地打滚或用厚重的衣物压灭火苗。

3.2　汽 车 安 全

火灾案例

2006 年 3 月 1 日 13 时左右，广西横县境内发生一起特大汽车火灾。一辆由四川射洪开往深圳龙岗的客车在南（宁）梧（州）高速六景镇甘棠河大桥横县方向 100 米处突发大火，车上 41 名乘客（含 3 名小孩）除 17 人成功逃生外，烧伤 8 人，死亡 16 人。

据事故现场人员介绍，这辆科维达客车行驶到出事路段时，驾驶员发现发动机处冒出黑烟，便停下车打开引擎盖，不料高热的发动机接触空气后突然引发明火，并向车厢中部蔓延。车内乘客顿时惊呼乱成一片，纷纷逃向后车厢。由于混乱，车门的控制系统受损，无法打开。两名司机从前窗跳下车后，立即拿救生锤和石头砸破车窗玻璃营救乘客。此时，车厢内尽是熊熊烈火和滚滚浓烟，被困车内的乘客们只能跳窗逃生。在警方和司机的一齐努力下，17名乘客成功脱险，8人不同程度被烧伤，但剩下16名乘客因火势太猛无法逃脱，不幸遇难。

65

案例分析

该起火灾案例表明：客车驾驶员缺乏起码的消防安全常识，汽车发动机冒烟后，错误地打开引擎盖，导致火势迅速发展蔓延。火灾发生后，车上乘客不能保持冷静，服从车务人员指挥，导致车门的控制系统受损，延误了逃生时机。

3.2.1 引发汽车火灾原因有哪些？

1. 汽车电器部分引起火灾

导线绝缘层破损：安装不合理而长期摩擦，受机械力破坏或局部高温作用导致导线绝缘层破损或短线；绝缘层被腐蚀老化或长期受振动而破损；司机或维修人员随意接线或误接线等原因造成短路或接地产生电弧、电火花引发火灾。

违章操作或误操作：在维修、擦洗汽车时，未切断汽车电源，直接用汽油刷洗汽车或车上零部件，金属工具触及电器部分产生电火花引燃汽油着火；用汽油清洗零部件时，未等汽油蒸气完全挥发掉就发动汽车，引燃汽油蒸气着火。

配线连接部位接触电阻过大、长时间缺乏维修保养，使配线节点氧化、松动；蓄电池接线柱有杂质、油污、接触不良或氧化腐蚀；行驶中受振动、摩擦、松动等原因产生局部高温引燃汽油等可燃物着火。

汽车配线绝缘层起火；汽车配线选择不当或过多接入负荷，使线路长期超载引燃绝缘层起火，或绝缘层放电引燃油污或其他可燃物着火。

2. 汽车高温部分引起火灾

（1）可燃物接触汽车高温表面着火；汽车发动机工作时，排气管表面的温度在 150～900℃，接触到汽车燃料或其他可燃物时极易起火。如汽车油路系统漏油或发生喷溅而使气油与发动机表面接触；在维修保养时，不慎将油抹布等可燃物遗忘在能产生高温的车体表面上；在装卸易燃液体时，由于输油系统故障，液体喷溅到汽车高温表面上等，均可能引发火灾。

（2）摩擦产生高温着火；由于汽车机械润滑系统缺油或发生故障，在行驶中严重摩擦产生高温；刹车制动系统间隙调整不当摩擦产生高温；汽车下行陡坡刹车时间过长造成摩擦生热；汽车轮胎充气不足或严重超载使汽车倾斜侧壁弯曲，导致橡胶轮胎摩擦生热；汽车行驶中油箱脱落与地面摩擦等，都可能引起汽车着火。

（3）汽车排气管喷火；因燃料过量导致汽车排气管喷火，引燃地面可燃物等着火。

3. 直接向汽化器灌油引起火灾

当汽车发生油路堵塞时，违反安全操作规程，用其他容器盛装汽油，向汽化器内直接供油时，发生回火"放炮"，喷出的火星、火焰引燃汽油着火。

4. 使用明火引起火灾

冬季驾驶员用喷灯或柴油明火直接烘烤发动机引燃汽车；焊补油箱时，事先未作彻底清洗，焊枪产生的火星引起油箱内残存的汽油燃烧爆炸。

5. 油货混装引发火灾

6. 运输化学危险品引发火灾

如运输化学危险品时，事先未作严密检查或虽作检查，但对包装不牢固、破损或渗漏等情况未作处理；对同一车厢内装在互相接车容易引起燃烧、爆炸的物品，未采取有效的隔离措施；对受阳光照射容易发生自燃、爆炸的物品，未采取必要的隔热措施；遇水燃烧的物品没有必要的防水设备；装运化学易燃危险品的汽车，随意停留在机关、工厂、仓库附近及人口稠密地区而无人看管，这些都可能导致汽车着火。

7. 乘客乱扔烟头、火柴梗引起火灾

吸烟者常在烟头或火柴未熄灭的情况下乱扔，若接触易燃座椅等可能引起火灾；或从货车驾驶室将未熄灭烟头扔出窗外，在风力作用下落入车厢货物内部，也可能引发火灾。

8. 交通肇事、纵火引起火灾

在公路客运中，明确规定乘客不许携带易燃、易爆危险品上车，但由于各种原因，一些车站对乘客的行李不进行严格检查，因此埋下了火灾隐患。

3.2.2 汽车火灾如何预防？

1. 汽车电器部分防火

（1）导线截面选择要适当，不得乱拉乱接或随意增加负荷。

（2）电器配线要安装合理，不得与车体高温表面距离过近，靠近油路或高温表面的部位，要加保护套或包扎耐温、耐腐蚀的保护材料。

（3）电器配线要安设牢固，防止振动和摩擦造成绝缘层破损。电器连接部位要保持洁净，经常清除油污尘垢；连接点被烧坏或损坏时，要及时更换。

（4）定期检查电器开关，发现故障要及时更换或处理，不得拆下开关输入、输出端头，不得用两线直接接触的方法接通电源发动或用锡箔纸、金属线进行连接发动。

68

（5）汽车发动机一时不能发动起来时，要认真进行检查，不得长时间送电强行起动。

2. 维修保养时的防火

（1）检查或清洗汽车机械部件时，必须将蓄电池输出端拆卸断电，防止线路绝缘层破损漏电或维修器具触及电器部分产生电火花。

（2）维修清洗车体时，一般不得用汽油清洗，可采用金属洗涤剂或以水代油的方法清洗。若必须用汽油清洗，需将部件卸下拿至异地放在油盆中清洗或距汽车较远的室外清洗。

（3）在油箱附近或汽车发动机解体修理时，严禁用明火照明。汽车维修需用白炽灯照明时，必须加保护罩，同时不需将灯具随意放在车体上，防止不慎压碎或碰碎灯具着火。

（4）焊接车厢下部车架时必须对附近的易燃物或可燃物采用有效的隔热措施，并在有人监护的条件下进行。焊补油箱时，必须首先用蒸汽或洗涤剂将油箱内清洗干净，确认安全时，方可动焊。

（5）车体维修擦洗完毕，要进行认真检查，防止油抹布或其他可燃物遗落在车体能产生高温的表面上，同时还要检查油箱或油路系统的紧固螺栓，防止松动脱落。

3.2.3 汽车行驶中如何防火？

1. 汽车在行驶前，要检查轮胎充气状况，不得超载或一边偏重，防止轮胎摩擦生热着火。

2. 冬季一般不得用明火烤发动机、油箱等部位，必须用明火烘烤时，应注意防火，严加看管。

3. 汽车在行驶中，严禁直接向汽化器注油，防止汽化器回火或电火花引燃油气着火。

4. 汽车在行驶中，驾驶室或车厢内的吸烟人员不得向外乱扔烟头。运载可燃物时，严禁坐在车厢内的装卸、搭乘人员吸烟。

5. 汽车进入储存易燃物的场所时，必须给排气管加戴防火帽。

6. 运输易燃化学危险品的汽车，必须遵守《化学危险物品安全管理条例》的有关规定。通过市区时，应当按所在地公安机关规定的行车时间和路线行驶，中途不得随意停车。运输过程中，车辆应设置明显的标志，并配戴防火帽；路面不平时，要缓慢行驶，以防车内危险物品相互碰撞造成容器破坏或引起其他危险；尽量不急刹车，禁止搭乘无关人员。对运输易燃液体的油罐车还要采取防静电接地措施。

3.2.4 汽车在修理中，哪些部位容易发生火灾？

1. 发动机。因为修理中，清洗、检查、疏通油路等，都在发动机上，且高压线圈、点火装置等都易产生火花，几个燃烧必备条件都具备，如稍有不慎，极易起火。

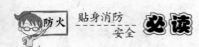

2. 油箱等底盘部分。在对车辆维修中，如对车架动火等，将直接威胁到油箱，因油箱与车架均连为一体，一旦动火焊割，焊割产生的热量传导便危及油箱。

3. 驾驶室。在驾驶室内，特别是一些客车、小卧车，车内的坐垫、窗帘、地毯等均为可燃物，受动火或其他热源的作用，便会逐渐发生阴燃，直至蔓延成灾。

3.2.5　避免汽车自燃有哪些方法？

汽车自燃一般都是因油路、电路及汽车改装部件损坏造成的，和新旧没有直接的关系。之所以旧车发生的自燃事故较多，与不少旧车车主不注重维护保养有关。新车其实也同样会发生自燃现象，这是由于新车车主一般都会给车辆配备防盗器、换装高档音响、改进造型、还可能会添加空调等，这些工作如果不到专业维修店去完成，便会给自燃事故的发生埋下隐患。安装者如果技术水平有限，他们就不会去分析车辆的线路布置和具体的结构，更不会考虑将不同线路功率进行计算，从而决定由哪里获取电源更合理之类的问题。于是随便乱引电线，负荷大的地方不加保险，易摩擦处也未有效固定等多种错误维修，自燃事故将不可避免。此外，汽车长途行驶，超负荷装载，使发动机各部件在长时间内不停地运转，造成温度升高，加上天气酷热，发动机通风设备不好，造成电源线短路，引起自燃起火。值得一提的是，车载货物的放置如果不当会发生相互碰撞，从而产生火花，也会引起汽车自燃起火。所以，避免汽车自燃有以下方法：

1. 做好机动车的日常检查，防止电气线路故障或接触不良非常必要，这是预防机动车火灾最重要的手段。比如要定期检查汽车线路是否有破损、漏油现象；定期检查电路油路：因轿车的线路在使用三四年后常会出现胶皮老化、电线电阻增大而发热的现象，容易出现短路，例如蓄电池接线柱因杂质、油污或腐蚀使得接点松动发热，引燃导线绝缘层；长期受振动或温度急剧变化影响而使线路接点松动等。

2. 不要轻易私自改装汽车。如果一定要改装，应让专业技术人员作专业改装，如电路改装或加设备时，线源一定要包好，防止漏电。

3. 在行车的时候还应注意，发动机运转时，不往化油器口倒汽油；保养汽油滤清器时不用汽油烧滤油器芯子；不经常采用吊火方法；避免油路系统有滴漏；避免汽车停驶后长时间打开点火开关。

4. 车内装饰材料最好选择防火材料，一旦发生火灾，火势不容易蔓延。

5. 停车时将车停放在易燃物附近。因为现在生产的汽车一般都装备三元催化反应器，而这个位于排气管上的装置温度很高，它在大多数轿车上的位置都比较低。

6. 不要将易燃物品如气体打火机、空气清新剂、香水、摩丝等放在车内容易被太阳光线照射的部位，更不要将汽油、柴油等危险油品放在车内。

7. 不要在车内乱扔未熄灭的烟头，最好不要在汽车内吸烟。

8. 汽车长时间行驶在高温下时，应该在中途多作休息，不要让车子长途曝晒。

9. 按规定在车上配备灭火器，并且记住要定期更换。熟悉掌握灭火器的使用方法。

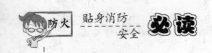

3.2.6 车身哪几处易成火灾导火索?

汽车火灾可按照起火时的状态分为两大类:行驶状态下发生的火灾,静止状态下发生的火灾。

行驶状态下引发火灾的原因:(1)机动车撞击引起火灾;(2)机动车机械摩擦起火;(3)吸烟、遗留火种引起火灾;(4)机动车汽化器回火引起火灾;(5)机动车漏油、漏液引起火灾;(6)机动车电器故障起火;(7)机械故障(三元催化)。

汽车停车后发生火灾的原因:(1)车辆上装载的货物受摩擦、撞击、挤压等影响,发生阴燃,行驶中没有及时发现,停车后逐渐蔓延燃烧;(2)汽车的供油系统发生漏油等毛病,停车后漏出的油料积聚在车下,遇到外部火星或烟蒂等而起火燃烧;(3)有的司机在停车后对发动机擦拭和保养,随手将抹布、油回丝等可燃物搁放在发动机旁,结果受热而起火。

3.2.7 汽车火灾事故如何处置?

1. 当汽车发动机发生火灾时,驾驶员应迅速停车,让乘车人员下车,然后切断电源,取下车载灭火器,对准着火部位正面猛喷,扑灭火源。

2. 当汽车在修理中发生火灾时,修理人员应迅速上车或钻出地沟,切断电源,用灭火器或其他灭火器材扑灭火源。

3. 当汽车被撞后发生火灾时,由于撞坏车辆零部件损坏,乘车人员伤势较严重,首要任务是设法救人。如果车门没有损坏,应打开车门让乘车人员逃离,如车门损坏,乘车人员应破窗而出。

4. 当公共汽车发生火灾时,由于车上人多,要特别冷静果断，首先应考虑到救人和报警，视着火的具体部位而确定逃生和扑救方法。如着火的部位在公共汽车的发动机，驾驶员应开启所有车门，通知乘客从车门下车，再组织扑救火灾。如果着火部位在汽车中间，驾驶员开启车门后，乘客应从两边东门下车，驾驶员和乘车人员再扑救火灾、控制火势。如果车上线路被烧坏，车门开起不了，乘客可从就近的窗户下车。如果火焰封住了车门，人多不易从车窗下车，可用衣物蒙住头从车门处冲出去。

5. 当驾驶员和乘车人员衣服被火烧着时，千万不要奔跑。如时间允许，可以迅速脱下，用脚将火踩灭；如果来不及，可就地打滚或由其他人员帮助用衣物覆盖火苗以窒息灭火。

73

6. 当汽车在加油过程中发生火灾时，驾驶员不要惊慌，要立即停止加油，迅速将车开出加油站（库），用随车灭火器或加油站的灭火器以及衣服等将油箱上的火焰扑灭，如果地面有流散的燃料时，应用库区灭火器或沙土将地面火扑灭。

3.2.8 汽车发生火灾如何逃生？

1. 汽车发生火灾如果没有车载灭火器或火势较大无法自救时，应迅速跑出车外，站在车后方，向后面的车示意，拨打"119"等待救援。

2. 身边可长备一把小裁纸刀，一旦遇到汽车事故或者火灾，安全带有可能变成"杀手带"，成为逃生时的一大阻碍。一把小刀可以化险为夷。

3. 起火或车内大量冒烟后，不要返回车内取东西，因为烟雾中有大量毒气，吸入一口也可能害人性命。

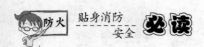
3.2.9 汽车在加油时，为什么必须熄火？

加油站内贮存的都是易燃可燃液体，属于甲类危险场所，在管理上必须做到严禁烟火，贮油、输油管道必须密封。然而，车辆在加油过程中，大量的油蒸气挥发到空间，在一定范围内极易形成爆炸性混合气体，此时，如果遇到汽车发动机排出的火星火花，就会发生气体燃烧爆炸。因此，必须关闭发动机熄火后方可加油。

3.2.10 车辆在加油时，油料溢出油箱应该怎么办？

车辆在加油时，由于操作人员的疏忽和有的汽车油箱设置不合理，常常会发生油料溢出油箱的事，而有的司机、操作工马虎大意，没有将油料处理好，便发动车辆，结果发生爆炸燃烧事故。当发现加油时油料溢出，正确的方法是：(1)迅速停止加油泵，切断油料来源；(2)禁止附近的一切车辆启动和行驶，或将车辆推出漏油区域；(3)用拖把或回丝、抹布等将油料拖干，并使其挥发，另外要注意的是，当发现大量漏油时，在采取上述措施的同时，还应及时报告消防部门。

3.2.11 行驶中的车辆发生火灾怎么办？

首先要沉着冷静，不能惊慌，迅速把车辆停靠在路边较为宽阔的地段，然后取出携带的灭火器材进行扑救，要注意起火的部位和灭火器的喷射角度、方向。如果使用的是1211和干粉灭火机，一定要靠近起火部位，对准起火点喷射，切忌慌慌张张将药剂喷射一空。同时，要重点掌握油箱、装载的危险物品等重点部位的冷却和控制，防止火势蔓延而造成重大损失。

3.3 列车安全

火灾案例

2002年2月20日称，一辆满载乘客驶出首都开罗的客运火车突发大火，死亡人数近400人。其中有一部分遇难乘客曾试图从飞速行驶的列车中跳出逃生，但却未能幸免于难。一位安全部官员称，这是埃及近150多年来铁路交通历史最严重的火车悲剧。

经过调查，事故可能是由于一名乘客在火车内使用便携式煤气炉发生爆炸造成的。一组救援人员在事故发生后不久抵达现场。他们指出，这次事故之所以造成严重人员伤亡，是因为火车的车窗全部安装了铁栅栏，致使许多乘客无法从窗户逃生。大火在事故发生4小时后被全部扑灭。

案例分析

乘客不遵守相关安全管理规定，乘坐火车时私自携带易爆物品上车，是造成这场悲剧的罪魁祸首。同时火车的车窗全部安装了铁栅栏，致使许多乘客无法从窗户逃生，也暴露出埃及铁路部门在消防安全管理上存在的漏洞。

3.3.1 列车的火灾特点有哪些？

1. 人员密集，疏散困难，易造成人员伤亡。

2. 可燃物多，易形成一条火龙。

3. 易造成前后左右迅速蔓延。

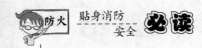

4. 易产生有毒气体。

3.3.2 如何预防列车火灾?

1. 配备必要的消防器材和装备,定期进行检修和保养,保证器材和装备的完整好用。

2. 要组织列车车组人员进行专门的消防培训,熟练掌握列车上所有消防器材的使用方法。

3.3.3 遭遇列车火灾如何逃生?

76

1. 利用车厢前后门逃生

旅客列车每节车厢内都有一条长约 20 米、宽约 80 厘米的人行通道,车厢两头有通往相邻车厢的手动门或自动门,当某一节车厢内发生火灾时,这些通道是被困人员的主要逃生通道。火灾时,被困人员应尽快利用车厢两头的通道,有秩序地逃离火灾现场。

2. 利用车厢的窗户逃生

旅客列车车厢内的窗户一般为 70 厘米×60 厘米,装有双层玻璃。在发生火灾情况下,被困人员可用坚硬的物品将窗户的玻璃砸破,通过窗户逃离火灾现场。

3. 疏散人员

运行中的旅客列车发生火灾,列车乘务人员在引导被困人员通过各车厢互连通道逃离火场的同时,还应迅速扳下紧急制动闸,使列车停下来,并组织人力迅速将车门和车窗全部打开,帮助未逃离火车厢的被困人员向外疏散。

4. 疏散车厢

旅客列车在行驶途中或停车时发生火灾,威胁相邻车厢时，应采取摘钩的方法疏散未起火车厢，具体方法如下：前部或中部车厢起火时，先停车摘掉起火车厢与后部未起火车厢之间的连接挂钩，机车牵引向前行驶一段距离后再停下，摘掉起火车厢与前面车厢之间的挂钩，再将其他车厢牵引到安全地带。尾部车厢起火时，停车后先将起火车厢与未起火车厢之间连接的挂钩摘掉，然后用机车将未起火的车厢牵引到安全地带。

3.3.4　列车火灾逃生时要注意哪些事项？

1. 当起火车厢内的火势不大时，列车乘务人员应告诉乘客不要开启车厢门窗，以免大量的新鲜空气进入后，加速火势的扩大蔓延。同时，组织乘客利用列车上灭火器材扑救火灾，还要有秩序地引导被困人员从车厢的前后门疏散到相邻的车厢。

2. 当车厢内浓烟弥漫时，要告诉被困人员采取低姿行走的方式逃离到车厢外或相邻的车厢。

3. 当车厢内火势较大时，应尽量破窗逃生。

4. 采用摘挂钩的方法疏散车厢时，应选择在平坦的路段进行。对有可能发生溜车的路段，可用硬物塞垫车轮，防止溜车。

3.4　客 船 安 全

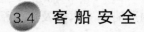

火灾案例

1997 年 12 月 17 日 15 时 15 分，"江汉 60 号"轮上水航行至武汉港水域余家头处，与下水航行的"长生 806"轮发生碰撞。"江汉60号"轮左舷的1、2号日用油柜被撞倒在左主机上部，两个油柜的进油管、溢油管均被撞断，燃油溢出，遇左主机高温排气管裸露部分（400℃以上）起火燃烧。当时该轮报警并组织了自救，但大火仍从撞开的豁口向外蔓延，至16时30分左右，大火借风势向船前部蔓延，前部各楼层相继起火，至17时，全船前部呈立体燃烧，将该轮机舱和1至4楼前部烧毁，大火于19时20分基本扑灭。由于疏散及时，该船旅客253人，船员88人，无一人伤亡，经济损失138万元。

案例分析

总的来说，这场火灾的扑救是成功，300多人全部安全逃生，这首先得益于火灾发生后及时报警，为扑救火灾赢得了宝贵的时间。其次是政府各部门的统一组织，有效配合。再次是疏散及时有序，船上乘客能服从工作人员统一指挥。但火灾中也暴露出船舶在防火设计上存在先天性缺陷，有的船员甚至骨干消防员素质不高，临危处险的能力不强等问题。

3.4.1　客船火灾有哪些特点？

1. 可燃、易燃物多，火灾荷载大。由于船舶航行运作几乎都是靠汽油、柴油等易燃材料驱动发动机，客船的储油量至少20吨，再加上构造船体的木板及供生活和工作使用的舱室空间内舱壁、甲板、舱板场采用一些如胶合板、化学纤维等装潢装饰材料，导致火灾荷载较大。

2. 吨位大。几种常见船舶中，吨位最低的如渔船也有数百吨，最大的如油轮高达50万吨，客船的载客量也一般为数百人至两千人左右。

3. 热传导性能强，易形成立体火灾。船体为钢板、木板构造，其导热性强，起火后 5 分钟，温度可上升到 500～900℃，木板迅速扩散燃烧，加上船体内很多通风孔洞，钢板个船体空间，从而扩大火势，形成立体火灾及楼梯结构复杂，扑救困难。受船体大小的局限，船舶结构比较紧凑复杂，船内通道和楼梯比较狭窄，舱室和机器设备的分布也不同，火灾条件下，消防人员很难搞清情况，以致影响战斗行动。

4. 人员多，人员相对集中，船体内立体空间相对大、装修装饰豪华，火灾时，有毒气体多、烟雾浓，疏散困难，易造成大量人员伤亡。

3.4.2 如何预防客船火灾？

1. 船舶探火、报警及固定灭火系统必须保证完好适用。船舶的消防器材要在指定位置存放，确定专人负责维护、保养。船舶要按规定配备消防员装备品。

2. 船舶自用的危险物品要集中存放于专门的物料间。氧气和乙炔气瓶要分开存放，保持安全距离。

3. 严禁上船车辆在燃油箱外夹带燃料。

4. 严禁装载易燃易爆危险物品、毒害品的车辆上船。

5. 上船车辆要保护良好车况，燃油箱不渗漏，制动有效。

6. 车辆上船后要采取绑、扎等固定措施。

7. 航行中汽车舱实行封闭管理，无关人员不得进入，舱内禁止吸烟。

3.4.3 客船发生火灾如何逃生？

1. 利用客船内部设施逃生。利用内梯道、外梯道和舷梯

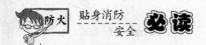
逃生；利用逃生孔逃生；利用救生艇和其他救生器材逃生；利用缆绳逃生。

2. 当客船在航行时机舱起火，机舱人员可利用尾舱通向上甲板的出入孔逃生。船上工作人员应引导船上乘客向客船的前部、尾部和露天甲板疏散，必要时可利用救生绳、救生梯向水中或来救援的船只上逃生，也可穿上救生衣跳进水中逃生。如果火势蔓延，封住走道时，来不及逃生者可关闭房门，不让烟气、火焰侵入。情况紧急时，也可跳入水中。

3. 当客船前部某一楼层着火，还未延烧到机舱时，应采取紧急靠岸或自行搁浅措施，让船体处于相对稳定状态。被火围困人员应迅速往主甲板、露天甲板疏散，然后，借助救生器材向水中和来救援的船只上岸逃生。

4. 当客船上某一客舱着火时，舱内人员在逃出后应随手将舱门关上，以防火势蔓延，并提醒相邻客舱内的旅客赶快疏散。若火势已窜出房间封住内走道，相邻房间的旅客赶快疏散。若火势已窜出封住内走道，相邻房间的旅客应关闭靠内走廊房门，从通向左右船舷的舱门逃生。

5. 当船上大火将直通露天的梯道封锁致使着火层以上楼层的人员无法向下疏散时，被困人员可以疏散到顶层，然后向下施放绳缆，沿绳缆向下逃生。

3.5　飞机安全

火灾案例

2002 年 5 月 7 日 20 时 37 分，北方航空公司的一架 MD82

飞机 B2138 号执行 6136 次航班任务，从北京飞往大连。飞机在距离大连机场东侧约 20 公里处，机长报告塔台地面指挥机舱内起火。21 时 24 分，飞机与空管部门失去联络，并在雷达显示屏上消失。机上共有乘客 103 人、机组人员 9 人全部遇难。

通过调查并周密核实，认定这次空难是由于乘客张某放火造成的。乘客张某生于 1965 年，1983 年就读于南京大学物理系。大学毕业后到大连工作，两年后下海经商，生意经营惨淡。事发当日，他乘机从北京返回大连，并在购买机票时购买了 7 份航空旅客人身意外伤亡保险。

案例分析

飞机在飞行中一旦起火，将会猛烈燃烧，迅速蔓延。飞机因其本身结构的限制，导致飞机上的疏散条件很差。加上机内可燃物多，人员密集，一旦发生火灾，极难成功逃生。

3.5.1 飞机火灾具有哪些特点？

1. 火势发展速度相当快

飞机在航行的时候带有大量的航空汽油、航空煤油以及润滑油，这些都是可燃液体。所以，一架飞机在飞行时携带的油量相当于一个小型油罐。如果油箱一旦发生问题，如油箱开裂，输油管断裂，燃油就会到处流散、蒸发，遇到火源、热源或微弱的火星就会引起燃烧或爆炸。一般在火灾发生后的 1～2 分钟就会形成熊熊大火，将飞机烧毁，造成人员伤亡。火灾发生不仅会引燃飞机上大量的可燃物，也会使部分不燃的合金材料发生猛烈燃烧，机身是金属合金结构，具有良好的导热性

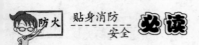
能，局部起火就会把热量迅速传导到机身的各个部位。

2. 疏散困难，伤亡严重

飞机上的乘客比较的多从几十人到几百人不等。受到飞机结构的限制，导致飞机上的疏散条件很差。大多数的飞机只有两三个机舱门，飞机起火后，乘客感到心情慌乱，急于逃生，就会造成通道更加堵塞。如果在航行中，人员基本无法逃生，飞机一旦坠毁，逃生的机会就可能更小。如果是飞机场内着火，人员也难以迅速疏散到机外，因此也会造成人员伤亡事故。

82

3. 舱内烟雾弥散快速

飞机在航行期间，机舱都是密闭的，如果机舱内起火，机身内部的空气就会被大量消耗以至耗尽；在氧气不足的情况下，燃烧物燃烧时产生的一氧化碳和大量烟尘都是有毒气体，对人体造成恶劣影响。机舱内部的塑料制品、合成皮革制品，燃烧时会生成剧毒的氯化氢、氰化氢和一氧化碳等气体，造成机舱里的人员窒息甚至中毒身亡。

4. 火灾扑救困难

如果飞机在飞行中起火，操作系统失去控制，随时有可能坠机，可能坠落在江河、田野里，有的地方没有道路，致使扑救工作难以展开，即使是在机场内，由于机舱空间不大，通道狭窄，也会给抢救工作造成困难。如果飞机是因碰撞起火，舱门和紧急出口有可能会变形无法打开，需要进行拆除，但机身的金属材料有是相当的坚硬，破除需要时间。这也给抢救工作造成困难。

5. 火灾突发性强

飞机火灾一般是瞬时发生，瞬间扩大的，输油系统、电器系统和起落架发生故障或出现险情，或在航行途中突然撞到建筑物等发生爆炸起火，导致机毁人亡。这些事情都是没有先兆的，也意识不到的。

6. 火灾造成的损失严重

飞机是一种精密度高、造价昂贵的航空运输工具。如果烧毁一架，就是一笔数目不小的损失。

3.5.2 怎样预防飞机火灾？

1. 配置必要的消防系统

（1）安装感烟自动报警系统。由于飞机上的某些部位的温度很高而且多安装在狭小隐蔽处，因此，不宜安装感温和红外线报警装置。而感烟探头在有烟时就会报警，可以在出现火光前得到信号，采取紧急措施。

（2）安装自动灭火装置。在飞机的发动机舱、起落架、油箱、货舱、厨房、厕所等安装此类装置，以便及时扑灭初期火灾，减少伤亡。

2. 装运货物防火

在装运前，不得将任何有破损或漏损迹象的包装体装上飞机。严格遵守危险货物搭载的有关规定。装卸货物时，装运人员不得吸烟。化学性质相抵触的物品，要严格分类堆放装运。

3. 飞机在起飞、降落前后的防火

起飞前，空勤人员对飞机的载油量、载货量、载客量、燃油系统、供电系统、电气仪表、救生设备、灭火器材以及载重量的平衡状况等，进行严格检查，发现问题要及时排除，不得带病起飞。飞机在机坪停放以后要进行冷转，以消除发动机尾喷管中积存的燃油，以防止起火。飞机进站后对飞机进行检

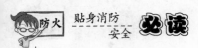
查，发现事故及时排除。

4. 飞机在航行中的防火

严格遵守飞行条例，加强机上电热设备等的管理，预防飞机遭受雷击，加强对氧气设备的管理等。

3.5.3 飞机火灾的处置方法有哪些？

1. 由于飞机上有很多易燃物，火灾发生后蔓延迅速，人员难以疏散，且难以依赖外来救援力量，所以乘客应自觉遵守飞机关于禁止吸烟和禁携违禁物品的规定，增强自我保护意识。一旦发生火灾，要听从机组人员的指挥和安排。

2. 飞机在飞行中发生火灾，在积极扑救的同时，要就近紧急降落或迫降，并先通知地面指挥中心，做好灭火及救护人员的一切准备。

3.5.4 飞机发生火灾如何逃生？

1. 飞机发生起火事件时，旅客要及时扑灭火苗，阻挡蔓延，以便赢得更多的逃生时间。

2. 撤离火境时，要听从乘务人员指挥，鱼贯而行，千万不能蜂拥而上，把出口堵死。

3. 如果机舱内浓烟阻挡了视线，找不到出口时，也不要狂奔乱跑或高声喊叫，以免跌进火窝或被烟气呛死。可以立即用毛巾捂住口鼻，向有空气的地方探索前进，这样能找到出口，一旦逃出飞机，要赶快逃离现场，防止飞机爆炸，造成不必要的伤亡。

4. 乘客在登机以后应该要知道最近的紧急出口的位置，数一数自己的座位与出口之间隔着几排。这样，如果机舱内充满了烟雾，乘客仍然可以摸着椅背找到出口。

5. 阅读前排椅背上的安全须知。即使乘客已经对这些程序了如指掌，再看一遍也没有坏处。

6. 飞机停下之后，尽快走向出口，同时尽量保证安全。因为大火和有毒气体可能很快充满整个机舱。

■ 趣味故事

1. 世界上最早采用防火保护层，防火涂料，在五千年前秦安大地湾遗址出土。

2. 世界上最早的建筑火灾遗址

我国在发掘的古人类遗址中有许多火灾现场遗址，如6000年前的西安半坡遗址，5000年前的秦安大地湾遗址，这些都是迄今为止，世界上发现的最早的建筑火灾遗址。

3. 世界十大消防之最

（1）人类最早用火的历史：据考证人类最早用火的历史是我国元谋人和西候度人，距今大约有170万～180万年。

（2）世界上最早的消防队：我国北宋的"军巡铺"。

（3）世界上现代消防体制的最早设计和倡导者：英国消防警察之父-乔治·威廉·曼比（生于1766年），他要求政府成立消防警司令部，他还为消防警察设计了专用制服和徽章。

（4）世界上最早发明的手提式灭火器：1820年英国的曼比发明了一种利用压缩空气喷水的手提式灭火器。

（5）世界上最早安装火警电话的国家：1876年由美国人贝尔发明电话后，1878年美国芝加哥的街上就安装了火警报警电话。

（6）世界上最早发生的一起高层建筑火灾：1882年，美国

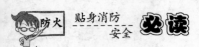

纽约的世界大楼火灾。

（7）世界上最早的消防车：世界上最早的消防车雏形源于1828年瑞典工程师爱克立森应用1769年英国人詹姆斯·瓦特发明蒸汽机的技术驱动消防水泵，从而研制成功全球最早的马拉蒸汽消防车。到1901年，德国人才制造出世界上第一辆内燃机消防车。英国人在1904年制造出世界上第一辆汽油机救车。

（8）世界上最大的消防技术组织：1900年法国巴黎成立的国际消防技术委员会（CTIF）。

86

（9）世界上最早将军用飞机用于消防的国家：1919年美国首先利用军用飞机（陆军）监视山林火灾。

（10）世界上当前每年在火灾中死亡人数最多的国家依次是（前八名）：印度，约20000人；俄罗斯，约13500；美国，约5000；中国，约2100人；日本，约2000人；乌克兰，约1700人；南非，约900人；德国，约700人。

第4章

人员密集场所防火篇

近年来，随着我国改革开放不断的深入，许多地方都新建或改建了一些体量大、功能多样、装饰豪华、商品高档的人员密集场所，吸引了成千上万的顾客，为繁荣我国市场经济起到了积极的作用。在此类场所迅速发展的同时，由于防火措施没有得到及时落实，导致公共聚集场所火灾不断发生，造成了巨大的经济损失，有的还造成严重的人员伤亡。1994年11月27日，辽宁阜新市艺苑歌舞厅火灾，233人死亡；2000年3月29日，河南焦作市天堂录像厅火灾，74人死亡；2000年12月25日，河南洛阳东都商厦火灾，309人死亡；2002年6月16日，北京蓝极速网吧火灾，25人死亡；2003年2月2日，黑龙江哈尔滨天潭酒店火灾，33人死亡；2005年，全国人员密集场所共发生火灾9135起，死亡302人，受伤483人，直接财产损失12848.8万元。在当前人员密集场所火灾形势严峻的情况下，普及消防安全知识，提高公众聚集场所的自防自救能力和社会公众的消防安全意识和防、灭火以及救助逃生知识十分必要。

4.1 公共娱乐场所防火

公众聚集场所一旦发生火灾，往往会造成重大的经济损失

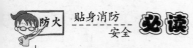

和严重的人员伤亡，2004 年，全国公共娱乐场所火灾 3798 起，死 86 人，伤 217 人，直接损失 2023.7 万元。

火灾案例

2000 年 3 月 29 日凌晨 3 点，河南焦作天堂录像厅突然起火，74 位正在观看录像的观众从天堂走进地狱。事后发现，录像厅电线盘杂不清，门口堆放的线圈有足球般大小。录像厅单间燥热不已，而天堂录像厅大厅和单间中均没有设置任何消防器材。火灾是天堂录像厅第 15 间的石英甲暖器烤燃邻近易燃物引起的。

案例分析

公共娱乐场所由于内部空间大、安全出口少，大多采用易燃物品作装饰材料，发生火灾时会迅速达到猛烈燃烧的程度，加之人员密度高，室内灯光暗淡，失火时极易发生群死群伤的恶性事故。

4.1.1 公共娱乐场所的火灾危险性有哪些？

1. 室内装饰装修标准高，使用可燃物多

公共聚集场所虽然大多采用钢筋混凝土结构或钢结构，但大量的装饰、装修材料和家具、陈设都采用木材、塑料和棉、丝、毛以及其他可燃材料，增加了建筑内的火灾荷载。歌舞厅、卡拉 OK 厅、夜总会等公共娱乐场所，在装潢方面更是讲究豪华气派，采用大量可燃材料，一旦发生火灾，大量的可燃材料将导致燃烧猛烈、火灾蔓延迅速；大多数可燃材料在燃烧时还会产生有毒烟气，给疏散和扑救带来困难，危及人身安全。

2. 用电设备多、着火源多、不易控制

公共娱乐场所一般采用多种和各类音响设备，安装各式各样空调设备，且数量多、功率大，如果使用不当，很容易造成局部过载、短路等而引起火灾。如有的灯具表面温度很高，碘钨灯的石英玻璃管表面温度可达 500～700℃，若与幕布、布景等可燃物靠近极易引起火灾。公共娱乐场所由于有电设备多，连接的电气线路也多，大多数影剧院、礼堂等观众厅有吊顶内和舞台电气线路纵横交错，倘若安装、使用不当，很容易引发火灾。公共娱乐场所在营业时往往还需要使用各类明火和热源，如果管理不当也会造成火灾。

3. 建筑结构易产生烟囱效应

现代的公共娱乐场所很多是多层或高层建筑，楼梯间、电梯井、管道井、垃圾道等竖井林立，如同一座座大烟囱；还有通风管道纵横交错，延伸到建筑的各个角落，一旦发生火灾，极易产生烟囱效应，使火焰沿着管道迅速蔓延、扩大，进而危及全楼。

4. 人员集中，疏散困难，易造成重大伤亡

公共娱乐场所是人员比较集中的地方，且人员流动性大。他们对建筑内的环境情况、疏散设施不熟悉，加之发生火灾时烟雾迷漫、心情紧张，极易迷失方向，拥塞在通道上，造成秩序混乱，给疏散和施救工作带来困难，因此往往造成重大伤亡。对地下的公共场所来讲，问题就更加严重，地下场所可供顾客占用的面积往往比地上场所要小，在顾客量同样大的情况下，人员密度大大高于地上公共场所；而地下场所的安全疏散通道、出口的数量和宽度由于受人防工程的局限，又小于地上

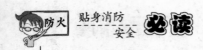

场所。地下场所缺少自然采光和通风条件，一旦发生火灾，人们必然惊慌失措，难免发生挤死人的事故；由于建筑空间封闭，有毒烟气会充满整个场所，易致人员中毒窒息而亡。

5. 发生火灾蔓延快，扑救困难

公共娱乐场所发生火灾，由于建筑跨度大，空间大，可燃物品多，空气流通，火热发展猛烈，蔓延快；顾客向外疏散，消防人员逆方向进入扑救，抢救和疏散人员，扑灭火灾都相当困难；加之发生火灾后，由于浓烟和高温，使消防人员侦察火情困难，难以迅速扑灭火灾。

4.1.2 公共娱乐场所的主要防火要求有哪些？

1. 场所设置位置、防火间距、耐火等级。公共娱乐场所不得设置在文物古建筑、博物馆、图书馆建筑内，不得毗连重要仓库或危险物品仓库。不得在居民住宅楼内改建公共娱乐场所。在公共娱乐场所的上面、下面或毗邻位置，不得布置燃油、燃气的锅炉房和油浸电力变压器室。公共娱乐场所在建设时，应与其他建筑保持一定的防火间距，一般与甲、乙类生产厂房、库房之间应留有不少于 50 米的防火间距，建筑物本身不宜低于二级耐火等级。

2. 防火分隔。在建筑设计时应当考虑必要的防火技术措施，影剧院等建筑的舞台与观众厅之间，应采用耐火极限不低于 3.5 小时的不燃体隔墙，舞台口上部与观众厅顶棚之间的隔墙，可采用耐火极限不低于 1.5 小时的不燃体，隔墙上的门应采用乙级防火门；电影放映室（包括卷片室）应用耐火极限不低于 1 小时的不燃体隔墙与其他部分隔开，观察孔和放映孔应设阻火闸门；剧院后台的辅助用房与舞台之间，应当用耐火极限不低于 1.5 小时的不燃体墙隔开；舞台下面的灯光操作室和可燃物储藏室，应用耐火极限不低于 1 小时的不燃体墙与其他部位隔开，对超过 1500 个座位的影剧院和超过 2000 个座位的会堂、礼堂的舞台口，以及与舞台相连的侧台、后台的门窗洞口，都应设水幕分隔。公共娱乐场所与其他建筑相毗连或者附设在其他建筑物内时，应当按照独立的防火分区设置。

3. 在地下建筑内设置公共娱乐场所除符合有关消防技术规范的要求外，还应当符合下列规定：(1)只允许设在地下一层；(2)往地面的安全出口不应少于 2 个，每个楼梯宽度应当符合有关建筑设计防火规范的规定；(3)应当设置机械防烟排烟设施；(4)应当设置火灾自动报警系统和自动喷水灭火系统；(5)严禁使用液化石油气。

4. 疏散出口及门的要求。公共娱乐场所观众厅、舞厅的安全疏散出口，应当根据人流情况合理设置，数目不应少于 2 个，且每个安全出口平均疏散人数不应超过 250 人，当容纳人数超过 2000 人时，其超过部分按每个出口平均疏散人数不超过 400 人计算。观众厅和入场门、太平门不应设置门槛，其宽度不应小于 1.4 米。紧靠门口 1.4 米以内不应设置踏步。公共娱乐场所在营业时，必须确保安全出口和走道畅通无阻，严禁将安全出口上锁、堵塞。为确保安全疏散，公共娱乐场所室外疏散小巷的宽度不应小于 3 米。为了保证灭火时的需要，超过 2000 个座位的会堂等建筑四周宜设置环形消防车道。

5. 设置应急照明、疏散指示标志。在安全出口和疏散走道上，应设置必要的应急照明和疏散指示标志，以利火灾时引导观众沿着灯光疏散指示标志顺利疏散。疏散用的应急照明，其最低照明度不应低于 0.5 勒克斯。照明供电时间不得少于

20 分钟。应急照明灯宜设在墙面或顶棚上，疏散指示标志宜设在太平门的顶部和疏散走道及其转角处距地面 1 米以下的墙面上，走道上的指示标志的间距不宜大于 20 米。

4.1.3　娱乐场所内部装修应注意些什么？

公共娱乐场所在进行内部装修或改造时，应严格控制可燃材料，而顶棚、走道和楼梯间等公共部位必须采用不燃装修材料；装修时电气线路的敷设和穿管必须符合消防安全技术规定的要求；装修施工不得遮挡室内消防设施和疏散指示标志及安全出口，并且不应妨碍消防设施和疏散走道的正常使用。在改造过程中，营业区与装修区之间应进行防火分隔，动用电气焊割作业时，应在作业动火前，履行用火审批制度，现场必须有人监护，备有消防器材，做好灭火准备。

4.1.4　在公共娱乐场所遭遇火灾如何逃生？

1. 要尽量保持镇定，保持清醒头脑，迅速辨明安全出口方向。

2. 不要惊慌混乱，避免相互拥挤践踏。

3. 采用低姿行走，用水打湿衣服后捂住口、鼻（如找不到水时可用饮料代替），以减少烟气对人体的危害。

4. 由于娱乐场所四壁和顶部有大量的塑料、纤维等装饰装修材料，一旦发生火灾将会产生大量有毒气体，因此在逃生过程中应尽量避免大声呼喊。

5. 如果只有少量出口，在逃生过程中不要盲目从众，可选择躲进烟火不易侵入的房间（如厕所等），紧闭门窗防止烟和有毒气体进入，等待救援。

6. 灵活应变，开辟新通道。比如躲进 KTV 包房，拽下墙上的空调管子，通过管子的孔洞让室外的新鲜空气进入。

4.2 商场(超市)防火

随着改革开放的深入和经济建设的发展，商场(超市)如雨后春笋般地遍布各大中小城市和农村集镇，给经营者带来可观的经济效益，也方便了城乡居民的生产生活。但是近年来，国内外商场(超市)火灾十分突出，致使大量人员死伤并造成巨大的财产损失。

火灾案例

2004 年 2 月 15 日，吉林中百商厦(以下简称商厦)发生特大火灾。火灾最后死亡 54 人，伤 70 人，直接经济损失 400 余万元。

当日上午 9 时左右，商厦伟业电器行雇员于红新拿着纸箱去商厦楼外北侧的 3 号简易仓库，途中，他点燃了一根香烟。进仓库后，于红新把纸箱扔在地上，嘴里的香烟也掉在堆满纸壳的地上，于红新随意用脚踩了踩，就锁上库门回到了电器行。11 时左右，未被踩灭的烟头引燃了仓库地面上的可燃物，浓烟与火舌很快突破与 3 号简易仓库相邻的中百商厦一楼北侧 7 号窗户，蔓延至商厦一楼内。当时跳舞和洗浴的人陆续上楼，舞厅里已经有 100 多人。商厦商场的空间大，空气对流快，可燃物多，导致这场火灾蔓延非常迅猛。高温烟气通过两侧的楼梯间向上窜，将楼梯封住，大量人员很难从楼梯间疏散逃生。此后近半个小时，没有任何人报警。直到 11 时 28 分，一位过路人发现商场冒烟，才报了火警。经过消防官兵 3 小时奋战，大火才最终被扑灭。

案例分析

缺乏火场自救逃生的基本知识和技能是本次火灾群死群伤的重要原因之一。当得知火灾时，许多在场人员不知如何安全逃生，更不知怎样自救，致使一些本不应该丢掉生命的人，却失去了宝贵的生命。有的人不听劝阻纵身跳楼，结果被摔死或摔伤；有的人逃生时不作简单防护，结果烟气中毒倒下；有的人被火围困不知所措，结果被烧死在火场。

火灾发生在商厦低层，烟火沿楼梯间迅速向上扩散，一楼、二楼商户、顾客等共 400 人左右逃生比较及时。三楼、四楼的人群没有有效地逃生，而是逃向犄角旮旯。据幸存者的描述，危难时刻，大多数人惊恐万状，不知所措。"全慌了，大家乱跑一气，有些人没来得及穿衣服，就往楼上跑。"三楼浴室的一位生还者说："事后想一想，浴池这儿有水，有毛巾，本可以抵挡一阵子浓烟的熏呛，包房里还有床单，可以拴在一起，从窗户那儿往下滑。"

然而，一位 78 岁四楼舞厅看门的老人，起火后把棉袄翻过来蒙着头趴在地上，在令人窒息的浓烟里坚持 3 个多小时（至下午 1 点半）后，被消防人员救出。他是最后一名获救的幸存者。58 岁的于某也很幸运。他说："我正在四楼舞厅学跳舞，听人喊'楼下小棚子着火了'。我就跑到旁边的台球厅，趴在窗台上往下看。不一会儿，大楼停电了，但大家以为没什么大事，全站在那里看。可一会儿功夫，火上来了，烟呛得人睁不开眼。我看到台球厅有一盆水，还有条毛巾，就用毛巾沾上水，捂住鼻子和嘴，蹲在了窗口，直到救援人员把云梯伸过来"。

两位老人，之所以能够生还，更多依靠的是自救技巧。公民要掌握自救逃生的基本知识和技能，首先是增强全民消防安全意识，最有效的方法是从小学、中学普及消防常识，然后才是广泛开展消防宣传教育和相关培训。

4. 2. 1 商场的火灾危险性有哪些？

1. 营业面积大，容易造成火灾蔓延扩大。现在有的大型商场，建筑面积一般都比较大，每层营业面积小则几百平米，大则几千甚至上万平米。多层商场除了楼梯上下相通以外，有的还安装了方便顾客的自动扶梯、中庭等开口部分，更是使商场层层相通，防火分隔的问题显得尤为突出。近年来火灾资料显示，很多大型商场火灾就是因为建筑采用了"共用空间"的设计方案，上下四面环通，而没有采取一定形式的防火分隔，一旦起火，火势蔓延迅速，很难控制，影响范围大。

2. 可燃物多，火灾荷载大。商场的可燃物多主要表现在以下三个方面：一是可燃商品集中。商场经营的商品，不仅品种繁多，而且大部分都是可燃物品，一些商品本身虽然是由非燃烧材料制成的，但其包装盒、包装箱都是可燃材料。一些小商品，如美发用的摩丝，汽油、酒精等有机溶剂，以及打火机用的丁烷气、赛璐珞制品等，虽然数量较少，却属于易燃易爆的化学危险品。加之商场商品大多采用自选式货架、柜台，有些商品如服装、鞋帽等各种纺织品，需要充分利用商场空间悬挂展示，这就使可燃物的表面积大大增加，一旦起火，就会迅速猛烈燃烧起来。商场为了使商品周转快，便于销售，往往是前店后库、前柜后库、上店下库，甚至在过厅、走道上都堆集大批货物，商品过于集中，一旦发生起火，经济损失严重。二是陈列堆积商品的货架、柜台有不少仍然是由可燃材料制成的。柜台成组摆设，基本上连成一片，一旦发生火灾，就会火烧连营，也不利于人员和物资疏散。三是一些老商场，建筑装修采用大量的可燃材料，大大增加了火灾的危险性。上述三个方面的状况，使大型商场的火灾荷载大大高于其他场所。

3. 人员密集，流动量大。一些大型商场，每天接待的顾客人数平均达三四十万，每逢节假日等高峰期，每平方米甚至高达 10 余人。大型商场已成为我国公共场所中人员密集最高、流动量最大的场所。如果管理跟不上，容易因顾客乱丢烟头或携带火种、易燃易爆物品等引发火灾，而且一旦失火，就会引起混乱，造成人员疏散困难甚至发生伤亡事故。

4. 电器设备多，消防管理混乱。商场内的电器照明设备按使用功能不同，可分为以下几个方面：(1)安装在顶、柱、墙上的照明灯具，多采用带状或分组安装的荧光灯具，数量较大，镇流器易发热起火。(2)安装在橱窗，柜台内的各种射灯，除了冷光源射灯以外，其他光源的射灯表面温度都比较高，足以烤着可燃物。(3)橱窗内装有操纵各种活动广告的电动机和大量的广告霓虹灯，高压变压器的电压一般都在 12000 伏以上，具有较大的火灾危险性。(4)经营各种照明器材和家用电器原柜台，装有不少临时使用的电源插座。(5)节假日还要临时安装各种彩灯以增强节日气氛。以上这些照明用电设备，种类数量之繁多，线路之复杂，用电负荷之大，大大超过其他公共场所，而且每天的用电时间较长，一般都在 12 小时以上，在设计、安装、使用过程中稍有不慎，就会留下火灾隐患。消防管理不到位，消防安全责任制不落实，则很容易酿患成灾。

5. 烟雾浓毒性大，造成人员窒息死亡

由于大型商场内销售的物品种类繁多，日用化纤塑料、化妆品、家电、家具等商品和大量可燃装饰织物一旦燃烧，在通风条件差，空气供应量不足的条件下，产生大量的不完全燃烧产物而形成浓烟和含一氧化碳、硫化氢等有毒气体，加上大型商场经常采用大面积的外墙作广告宣传用，增加了商场建筑的密闭性，则利用可开启外窗进行自然排烟的可能性极小，而大型商场内机械排烟系统往往漏项或发挥不了正常功效，从而造成烟雾和有毒气体无法排至室外而直接危及商场人员的生命安全。大型商场尤其是地下商场由于其建筑的封闭性，一旦着火，其含氧量急剧下降，当商场中含氧量在 $10\%\sim14\%$ 时，人就会因缺氧失去对方向的判断能力，在 $6\%\sim10\%$ 就会晕倒，低于 5% 仅需几分钟即会窒息死亡。

4.2.2　商场逃生时应当克服哪些不良心理？

1. 惊慌失措。当人们知道自己所处的环境发生了火灾，看到火光、烟雾，听到大声呼叫和急促的跑步声时，往往会产生高度的精神紧张，惊慌失措。想逃，怕选不对安全通道；想避，又不知道哪里是安全之地。这种心理状态可使人陷入茫然无措的境地，丧失疏散的时机。因此，火灾情况调整好心态是十分重要的。

2. 惊恐惧怕。面对浓烟烈火，面对人群的纷乱骚动，人们会深切感到生命将受到严重威胁，因而产生不能面对伤亡的强烈惧怕感。这种心理状态会严重干扰人的正常思维，使失去

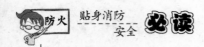
与烟火拼搏的勇气，丧失逃生能力。

3. 判断失误。惊慌惧怕的心态还会导致人的非理智思维，加深判断的失误，出现非理智的错误行动。如跳楼、乱跑乱窜、大喊大叫、丧失信息、不听劝阻等。

4. 茫然失措。处于火声中理性判断能力极为缺乏的人们加之人地环境生疏，想跑路不熟，想商量无熟悉面孔，找不到可信赖的依靠，又深怕大祸临头，于是就会产生空虚茫然感。茫然的结果则会引起难于听从别人的指导和规劝，陷于麻木状态。茫然的结果容易出现错误的行动。

5. 冲动。火灾时，人们的惊慌，火、烟、热毒等因素的作用所产生的惧怕与茫然，最容易使人做出不理智或盲目的冲动行为。如跳楼、傻呆、乱钻乱撞或大喊大叫。火场心理研究证明，乱跑乱窜、大喊大叫不但会使自己陷入危险境地，还会扰乱他人的平静思维，从而使火场中的人们更加混乱而难于疏导和控制。

6. 侥幸。侥幸心理是在灾祸发生之际，漫不经心、轻信事情不会那么严重或抱着"车到山前必有路"的态度，是妨碍正确判断的大敌。火场中人们必须首先排除这种心态，勿让其干扰理智的思维和正确的判断。

4.2.3 商场发生火灾时应当避免的行为有哪些？

1. 从众。人在极度慌乱之中，往往会失去正常的判断能力，于是一旦他人有行动，便马上追随。随大流的从众性是在突发事件情况下最容易发生的习惯性倾向，会严重干扰逃生和安全疏散的顺利进行。

2. 向光。人具有朝着光明处运动的习性，以明亮的方向为行动的目标。空间充满了烟雾，这时如果有一个方向黑暗，相反方向明亮，就要向明亮的方向逃生。通常，烟雾少、能见度好的一方是距火场远的一方，如有安全疏散通道，奔向明亮方向逃生无疑是正确的。但若此方向无安全疏散通道或是火势蔓延的主要方向，则此光明处可能成为最危险之地。实际火场中，有时走道或楼梯的一段被烟火封住，若采取自我防护措施，冲过这段光线昏暗处，逃生是大有希望的。

3. 盲目臆断。发生火灾时，有的人虽然对逃生方法和路线不熟，对火势实际情况了解很少，但靠主观臆断或不切实际的幻想，盲目地指导自己行动。这种人在火场上最不愿意听从别人的规劝和指挥，因而往往陷入最危险的境地。因此，发生火灾时，听从在场员工的指挥，冷静地判断火灾实际情况，才是可取的。

4. 暂避。火灾中，逃生仅着眼于脱离暂时的危险。无目的地乱跑乱窜或就地隐藏，钻入暂时烟火未燃到的床下、桌下、厕所、卫生间等处，甚至从楼上跳下等做法往往会贻误自我逃生时机，将自己送到更加危险的境地。

5. 混乱。混乱是大多数旅馆火灾中都会产生的一种可怕局面。混乱常起因于一两个或几个人的乱跑乱叫，进而给周围的人以强烈的影响，诱发成更加混乱的状态。火灾时聚集的人群更易感染悲观的情绪，而悲观情绪占上风的群体最容易作出反常的事情来。火灾时的混乱状态危害极大，它会严重干扰人的正常思维，出现行为错乱，干扰正确的引导疏散和消防救护。因此，在火灾发生时给予适当的火场信息报道，保持逃生路线畅通，尽量避免外界因素影响和严防逃生动机错乱，对于预防火场逃生的混乱局面是十分重要的。

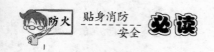
4.3 学校防火

近年来，国内外校园火灾事故发生频繁，且呈逐年上升的趋势。1998～2002 年的五年间，我国共发生学校火灾事故 8666 起，死 60 人，伤 121 人，造成直接经济损失 3364 万元。教训极为深刻。

火灾案例

2003 年 11 月 24 日凌晨，俄罗斯卢蒙巴各族人民友谊大学宿舍楼发生特大火灾，共造成 36 人死亡、100 多人受伤。伤亡人员是来自 23 个国家的留学生，其中包括中国、越南、阿富汗、安哥拉、斯里兰卡、日本、马来西亚、土耳其、印度等国家。其中中国留学生有 11 名罹难，43 人受伤。据俄罗斯内务部第一副部长拉希德·努尔卡利耶夫称，失火的根本原因在于电器的损坏。火灾专家指出，大火至少发生在消防人员到达前 30 分钟。当第一批消防队员到达出事地点时，火势已经蔓延至二楼和三楼，火灾面积超过 1000 平方米。

案例分析

火灾反映出国内外高等院校消防安全方面的种种弊端：国内外的高等院校对消防安全缺乏足够的重视，管理不成熟，多数大学生消防安全意识淡薄，消防常识匮乏。一旦发生火灾，缺乏应有的消防安全技能和有效脱险的应急措施，不仅会对自己和老师、同学的生命安全造成威胁，影响学校正常的教学秩序，对家庭乃至整个社会也是极为严重的损失。

4.3.1 学校火灾的主要原因是什么?

1. 据统计,高校火灾大多是电气火灾,占每年全国校园火灾起数的 40% 左右。近些年,由于人民生活水平不断提高,学生使用"校用电器"的情况日益增多。一些学校没有建立健全校园电气防火管理制度,或者把制度挂在墙上,不能落实于日常管理,成了"聋子的耳朵"。而学生通常不能正确掌握电器的使用方法,用电不慎,成为造成高校火灾最主要的因素。有些学生在宿舍内私接乱拉电线,不按技术规范要求安装,可能因电线短路、接头接触不良导致电气线路火灾;有的使用电炉、电热毯、电热水器、电炒锅、热得快等大功率电器,使电器线路超负荷,造成线路起火;随着科技与教育事业的发展,现在大学宿舍中电脑越来越普及,这些高科技设备也为学生宿舍的消防安全带来潜在的隐患;另外,学生在宿舍内使用小电器的现象猛增,增加了火灾隐患,如充电器长期通电、自备台灯、使用吹风机等,特别是冬季天冷,学生宿舍内没有空调,在使用电褥子取暖时方法不当,长时间取暖导致温度过高,引燃可燃物发生火灾。而且学生使用的电线大多是低负荷软电线,长期超负荷使用,甚至老化,极易导致火灾发生。

2. 用火不慎也是引发火灾的主要原因之一。教职员工在过道上乱堆乱放废弃的旧家具、纸箱等易燃可燃物,影响安全疏散,人为地增大了火灾危险性;高校一些学生习惯于考前临时抱佛脚,晚上熄灯后在宿舍点蜡烛加夜班,或是加班加点看小说,有时不小心碰倒蜡烛或是睡着了而未把蜡烛熄灭,蜡烛烧完点燃了书籍引发火灾;有的学生在宿舍或走廊焚烧书信杂物,由于火焰过大失控或人离开而火星未熄灭引燃宿舍内易燃

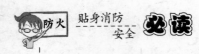

可燃物引起火灾；现在高校学生尤其是男生吸烟人数逐年增多，休息时躺在床上抽烟，乱弹烟灰、乱扔烟头的情况时有发生，极易引发火灾。

4.3.2　学校防火管理的常见误区有哪些？

1. 一些学校兴建校舍时虽考虑到安全需要而留有消防通道，但仍有不少单位从日常防盗和学生人身安全方面考虑，或关闭多数消防安全出口或加设防盗门，只留一两个出口用于日常进出；有些学生管理部门为防止外盗，还在窗户及出口处安装了铁栅栏，给救援及逃生造成不便，使"安全出口"名存实亡，看似方便了管理，实则给生命安全带来隐患，一旦发生火灾，造成的人员伤亡可想而知。

2. 许多学校为了防止应急照明、疏散指示标志、逃生面具、灭火器具丢失，采取统一在值班室保管的做法，虽然保证了固定资产不流失，可一旦发生火灾，这些必要的物品将失去它应有的作用。

3. 为了防止男女生混窜宿舍，有的学校让男、女生各住一半楼，在楼道中间加门、隔墙进行分隔，宿舍被一分为二，楼梯、消火栓、安全出口等消防设施也被一分为二，火灾危险性大大增加。

4. 忽视学校出租房消防安全。随着经济的快速发展，越来越多的学校也走向市场或引入市场竞争机制，有的将部分房屋改建为商铺或饭店出租给别人经营管理，有的业主只顾追求经济效益，忽略了消防安全，导致管理上的混乱，大小火灾时有发生。2001 年 7 月 22 日 10 时 30 分，兰州大学学生食堂出租给"百味斋"小吃部的灶台漏火，引燃了墙壁上的油垢而发生火灾，烧毁食堂 120 平方米，直接经济损失 6.2 万余元。

4.3.3 校园防火的应对措施有哪些？

1. 加强学生火灾安全基本知识教育

消防安全教育必须从小抓起，从小学、中学开始，重复递进地进行火灾知识、灭火、火场安全逃生办法等基本知识教育。消防安全教育课形式应多样：教师授课、参观消防队站、组织消防知识手抄报、黑板报评比、消防主题班会、灭火疏散演练、外聘辅导员进行消防知识讲座、消防知识竞赛等。

2. 用多种形式进行防火、灭火、逃生知识宣传

对比学校教育来说，社会上进行防火及火场逃生的宣传，方式较多，投入人力财力较大，但效果却不显著。但我们仍应该进行多种形式的防火、灭火、逃生知识宣传，如：利用电视、报纸、网络等现代媒体，利用橱窗宣传栏，结合火灾案例进行宣传讲解。只有具备火灾逃生的基本知识，才能临危不乱，沉着冷静，结合身边的器械物质安全逃生。

3. 加大资金投入，改善消防器材配置和校舍建设

这主要包括两方面的内容：一是要加大对消防器材的投入和管理。合理配备消防器材，保证消防水源，保证基本消防设施和水电设施的购置、更新和保养资金，加强对现有器材的管理。二是投资改造旧房、危房。学校在加强教学基础设施建设的同时，应严格消防布局，投入资金逐步拆除简易房，改造耐火等级低的建筑。鉴于目前学校电气火灾频发的现实，学校应设法解决校园用电设施老化、木结构房屋电源线明线敷设等易引发火灾的问题。

4. 完善消防安全责任制，加强消防安全管理

建立消防安全校长负责制，在保卫部门设立消防科或专兼

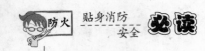

职消防干部，专门负责防火巡查，督促落实各项防火规章制度，将责任具体到每个教职员工及学生，并将违章用电、用火管理与教师薪资和学生学籍管理挂钩，把学校消防安全责任与每个教职员工和学生的切身利益联系起来，更好地在师生中加强防火安全的教育，增加责任主体意识。

近年来通过学校、教育部门和消防安全部门的共同努力，校园消防安全已越来越得到全社会的关注和重视，校园消防安全环境也有了很大程度的改观。顺应时代发展，在今后的工作中，我们务必要用发展的眼光来看待校园的消防问题，从战略的高度统筹校园消防管理，与时俱进，开拓创新，最大限度地为莘莘学子创造安全空间。

4.4 医 院 防 火

医院是救死扶伤、治病救人的场所，其内部人员密集、人员素质、年龄层次、身体状况各不相同。随着我国改革开放的不断深入，人们的物质生活、精神生活不断丰富，病人对生命的需求较之以前更加强烈。然而部分医院由于缺乏对消防工作重要性的认识，防火措施得不到真正落实，导致医院火灾事故不断发生。2004 年，全国共发生医院火灾 258 起，死亡 9 人，伤 16 人，直接经济损失 131.9 万元。2005 年，仅吉林省辽源市中心医院火灾，就造成 40 人死亡。

火灾案例

2005 年 12 月 15 日 16 时 30 分，吉林省辽源市中心医院住院楼发生火灾，大火造成 40 人死亡、28 人重伤、182 人受伤，火灾直接经济损失 821.9214 万元，是建国以来卫生系统的最大一起火灾。

16 时 10 分许，吉林省辽源市中心医院突然停电。电工在一次电源跳闸、备用电源未自动启动的情况下，强行推闸送电。16 时 30 分许，配电箱发出“砰砰”声，并产生电弧和烟雾，导致配电室发生火灾，在自救无效的情况下，于 16 时 57 分才打电话报警，前后历时近 30 分钟，造成了火势的迅速发展蔓延。因该单位延误了扑救初期火灾、控制火势的最佳时机，消防队到达现场时，已形成大量人员被困的复杂局面，群死群伤事故已经不可避免。

案例分析

医院患者基本为逃生弱势群体，一部分危重患者、瘫痪病人、手术后或者严重者都无法自行疏散，而陪护、探视人员对内部疏散通道情况又都不熟悉，只能被动等待施救。因此，医院一旦发生火灾，早发现、早报警十分重要。

4.4.1 医院的火灾危险性有哪些?

1. 内部可燃物资多，致灾可能性大

医院住院部有大量的棉被、床垫和家具，放射科有大量的胶片，手术室、病理科、制剂室、高压氧舱、药房、药库等存有易燃危险物品，如使用管理不当，很容易造成火灾及爆炸事故。

2. 设备潜在危险性大

医院除有大量的照明、空调设备外，在诊断治疗方面还配备了 X 光机和高压氧舱等各种诊断医疗设备，若这些设备因质量不合格，安装操作使用不当，会造成火灾事故。特别是高压氧舱，不仅发生火灾就有可能致使舱内人员死亡，甚至会发生爆炸造成严重后果。

3. 零星火种多，管理难度大

医院的火源较多，一是烟头、火柴、微波炉、制剂室制药用的电炉、煤气炉、病理室用的烘箱等明火。二是电线老化或超负荷造成绝缘破损发生短路，荧光灯镇流器以及电气设备长期发热而起火。

4. 内部结构的复杂性

106

目前医院建设为了上规模、上等级，门诊楼、病房楼越修越高，面积越修越大，同时为了使患者在院治疗时基本"不出楼"，将门诊楼、病房楼、办公楼连为一体。这样做虽然方便了患者就诊和医护人员的医疗，但是对于不熟悉内部环境的患者及其家属来讲却增加了发生事故时逃生的难度。比如，去年12月15日发生在吉林辽源市中心医院的那场特大火灾事故，发生火灾的"口"字形楼连接了门诊、住院处和办公楼，当地市民认为那样的布局"七拐八拐的，把医院弄得像迷宫似的，进去一次蒙一次"。

4.4.2　医院火灾的特点是什么？

1. 一旦成灾，极易造成巨大伤亡

医院是人员集中场所，一旦发生火灾，极易造成群死群伤的严重后果。2006年4月10日，山西省轩岗煤矿职工医院车库发生爆炸事故，造成30多人死亡。2004年1月22日，湖北武汉商业职工医院因纵火引起火灾，由于处置火灾残留物不当，复燃酿成大火，最后造成7人死亡，11人受伤。1998年

8月26日，常州市第一人民医院由于违章电焊发生特大火灾，造成14人死亡，14人受伤。

2. 可燃物多，人员密集，给火灾扑救和救人带来很大的困难

医院内部可燃物品种多、数量大，一旦发生火灾会造成大面积燃烧。同时由于医院内部医护人员、病人及其家属多，发生火灾后人们惊慌失措，盲目疏散逃生，给救人工作带来了很大的难度。

3. 医院内部病人自救能力差，致死的因素多

医院火灾具有特殊性，病人多，自救能力差，特别是有些骨折病人、动手术的病人和危重病人在输液、输氧情况下，一旦发生火灾，疏散任务重，疏散难度大。一些心脏病、高血压病人遇火灾精神紧张，有可能导致病情加重，甚至猝死。比如，2005年12月15日发生特大火灾的辽源市中心医院，事发当日在中心医院仅住院患者就有235人，当时在场医护人员72人。而住院患者基本上都需亲属陪护，大部分病人都不能自行疏散，只能等待医护和救援人员施救。灾后总结指出，被困人员多、抢救疏散难度大、时间长是造成人员伤亡的主要原因。

4.4.3　火灾发生时如何组织人员疏散？

1. 正确通报，防止混乱

在火势发展比较缓慢的情况下，失火医院的领导和工作人员，应首先通知出口附近或最不利区域的人员，将他们先疏散出去，然后视情况公开通报，告诉其他人员疏散。在火势猛烈，并且疏散条件较好时，可同时公开通报，让全部人员疏

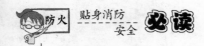
散。在火场上具体怎样通报，可根据火场具体情况确定，但必须保证迅速简便，使各种疏散通道得到及时充分利用，防止发生混乱。

2. 正确引导，稳定情绪

火灾时，由于人们急于逃生的心理作用，可能会一起拥向有明显标志的出口，此时，有关工作人员要设法引导疏散，为逃生人员指明各种疏散通道，同时要用镇定的语气呼喊，劝说大家消除恐慌心理，有条不紊地疏散。

3. 制止脱险者再进入火场内

对疏散出来的人员，要加强脱险后的管理。由于受灾的人员脱离危险后，随着对自己生命威胁程度的减小，可能增强对财产和未逃离危险区域内亲人生命的担心程度。此时，逃离危险区的人员有可能重新返回火场内，去救还没有逃出来的亲人，这样有可能遇到新的危险，造成疏散的混乱，妨碍救人和灭火。因此，对已疏散到安全区域的人员，要加强管理，禁止他们危险行动，必要时应在建筑物内外的关键部位配备警戒人员。

4.4.4 如何进行火场救人？

1. 对于行动不便的老弱病残者、儿童以及因惊吓、烟熏、火烧而昏迷的人员，要用背、抱、抬的方法把他们抢救出来。需要穿过烟火封锁区时，可有湿衣服、湿被褥等将被救者和救援者的头、脸部及身体遮盖起来，并用雾状水枪掩护，防止被火焰或热气灼伤。

2. 楼层的内部走道、楼梯、门等通道已被烟火封锁，被困人员无法逃生时，应利用消防拉梯等架设到被困人员所在的窗口、阳台、屋顶等处，然后利用消防梯、举高消防车、救生袋、缓降器等将被困人员救出。

3. 无法架设消防梯时，可利用挂钩梯、徒手爬落水管窗户等方法攀登上楼，然后用救生器材救人，或使用射绳枪将绳索射到被困人员所在的位置上，再让被困人员用绳将缓降器、救生梯、救生袋等消防救援器材吊上去，然后让被困人员使用器材自救。

4. 被困在窗口、阳台、屋顶的人员，尤其是悬掉在建筑物外面的人员，在浓烟烈火的威胁下，有可能冒险跳楼，此时要用喊话或写大字标语的方式，告诫他们坚持到底等待救援，不要铤而走险。同时在地面做好救生准备，如拉开救生网、铺好救生垫。如无救生网、救生垫，可用海绵垫、席梦思床垫等代替，以防万一。

5. 在使用消防梯抢救楼层内被困人员时，要警惕并制止他们蜂拥而上，以免造成人员坠落、翻梯等事故。被困人员自己沿消防梯从楼层向地面疏散时，应用安全绳系其腰部保护，或由消防人员将其背在身上护送下梯。

6. 对抢救出来的受伤人员，除在现场急救外，还应及时进行抢救治疗。

4.5 地下场所防火

我国的大型地下建筑工程大部分是 1972 年以前修建的，从 1983 年开始，全国贯彻执行党中央关于"对已建的人民防空工程实行平战结合"的方针，使大量的人防工程改为平时利用。地下建筑由于节约用地、便于规划、降温、采暖的能源消

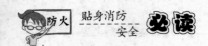

耗低等优点，因此越来越受到人们的重视，地下住宅、工厂、仓库、商场等公用设施日益增加，这些地下建筑为城市带来繁荣的同时，也带来了诸多消防安全隐患。

火灾案例

2000 年 12 月 25 日晚 21 时 35 分，河南省洛阳市东都商厦地下一层因装修工人无证上岗进行电焊作业引发大火，随后，大火向上蔓延，正在二、三楼施工的部分民工以及四楼歌舞厅内的 300 多人被大火围困。经统计，火灾共造成 309 人死亡，造成直接财产损失 275 万元。

案例分析

一旦地下建筑中发生火灾事故，事态的发展将很难控制，极易造成人员伤亡和财产损失，这就需要地下建筑在新建、扩建、改建过程中，严格按照消防法律法规和技术规范的要求，为达到安全的目的，协调好效益与安全的关系，达到和谐有序。

4.5.1 地下建筑的火灾特点是什么？

1. 火场温度高、升温快、轰燃点提前

地上建筑由于有门窗和室外相通，一般情况下当火场温度上升到 280℃以上时，窗户就自行破裂，大部分热烟可由窗户排走。同时，冷空气从窗户的中性层以下流入，冲淡火场烟气浓度，降低火场温度。然而，地下建筑是无窗的，与外界连接的孔洞小，发生火灾后热烟难以自然排出。同时，由于大量采用混凝土浇筑和覆土层保护使围护结构的热传导性差。这样，即使温度很高也难以通过对流或传导的方式将热量传播出去，导致建筑物内温度升高很快，火灾房间的温度可迅速提高，造成在火灾发生的很短时间内温度升高达到轰燃点发生轰燃，造成重大的财产损失和人员伤亡。

2. 火灾产生的烟量大、毒性大

地下建筑火灾时产生大量的高温烟气，由于出口少，不易散出，即使出口排除了少量烟气，由于随着烟气的充满，进入空气量少，中性层面不断降低，一部分刚排出的烟气，稍有冷却后部分又被吸进地下，更增大了烟的浓度。地下建筑由于开口少、面积小、可燃物燃烧进行得很不充分，会产生大量的烟气；燃烧中的塑料制品、可燃高分子材料会产生大量的有毒气体；由于地下建筑的氧气供给量不足，很多物质处于不完全燃烧，产生大量的一氧化碳，大大地增加了火灾中烟气的毒害性。

3. 疏散困难

地下建筑难于采用天然采光，火灾时往往断电，烟气可使事故照明的能见度迅速降到安全点以下直到充满整个空间，即使地下通道有引导灯，视距也往往低于 3 米，加上人们在火灾状态下的惊恐心理，使逃离火场的难度加大，甚至寸步难行。火灾时，平时的出口在没有排烟设备的情况下，又可能会成为排烟口。初期火灾时烟的扩散方向与人的疏散方向一致，而且烟的扩散速度比人流的疏散速度快，人员无法逃避高温烟气的危害。

4. 火灾扑救难度大

地下建筑发生火灾时，消防人员无法直接观察起火部位及燃烧情况。灭火路线少，消防人员需逆烟从地面进入地下。准

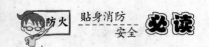

备时间长(需携带必要的安全器材、装备)，由于能见度底，难于找到或接近着火点；通道窄、拐弯多、门卡多，造成铺设水带困难，消防力量难于全面展开。当烟火阻挡出入口时，水枪射流不能直接打击火源。地下建筑可使用的灭火剂少，通信联络困难，这些都给现场指挥、组织灭火工作带来了极大困难。

4.5.2　地下建筑的起火原因有哪些?

1. 电气火灾

地下建筑使用的电气设备，电气线路多，特别是由于其本身没有自然采风和通风比较困难，上下不太方便，使用的电气照明设备与电动设备(主要是电梯升降机和机械通风设备等)与其他建筑相比要多约 30%，由于电气设备的增多，如果在安装使用、维护方面存在不足，就容易造成火灾。

2. 用火不慎

地下建筑中，通常情况下一般较少使用明火，但在一些没有配置自备发电机或自备发电机、启动时间过长的地下建筑，特别是在一些小型地下建筑中，大多没有配置自备发电机，在停电的情况下，使用蜡烛等明火照明的情况则比较普遍，特别是在一些地下仓库中，这类火灾原因还是很多的。

3. 吸烟

地下建筑，特别是地下仓库、地下商场本应是严格禁止吸烟的，但由于人员的素质以及麻痹大意等，这类火灾原因也是不容忽视的。地下建筑的火灾原因是很多的，比如违反安全规定、自燃、静电等，在其中，通过对工程建设实施严格的管理、对建筑的使用性加以控制，是完全可以将火灾起数及火灾损失降低的。

4.5.3　地下建筑火灾的防范措施有哪些?

1. 非燃化

现代地下建筑都是采用非燃材料建造的,结构是绝对非燃
的。这里的非燃化主要是针对装修材料和电器材料而言的。装
修材料的性质对地下建筑火灾的影响是很大的。采用非燃材料
装修,可使火灾荷载降低,轰燃推迟。尤其从降低地下建筑火
灾的烟气浓度和毒性程度出发用可燃材料装修更应严格禁止。
电器材料的非燃化也是非常重要的,它是杜绝电器火灾的一条
重要途径。电器材料是地下建筑潜在危险性最大的方面,设计
时因尽可能选用耐火性能好的材料,在地下建筑的非燃化这方
面,我国的地下建筑,与先进国家相比还存在相当大的差距。
在日本,地下建筑包括地铁,非燃化做得非常好,对于地下建
筑,特别是我国应制订更为严格的规范和标准,并投入人力物
力对地下火灾的过程做出符合灾情的计算机模拟,大力推广性
能化防火设计。

2. 严格分区

让火灾在地下建筑中蔓延是非常危险的,成功地将火灾控
制在一定范围内,即使不能将火灾灭掉,火灾扑救也是成功
的。设计时进行严格的防火分区是必须的。

对于地下住宅、仓库、工厂等用防火门作为防火分隔是可
行的。对商场而言,由于客流量大,用防火门作防火分隔是不
太可能的,可以采用复合卷帘或水幕系统。对于防火分区而
言,一个不容忽视的方面是防火分区间,管道井和电缆井的封
堵。如果两个防火分区间有直接相通的部位,这样的分区是无
多大实际意义的,起不到应有的作用。为了防止烟气的扩散,

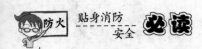

大中型的地下工程还应设置防烟分区，并且防烟分区不能跨越防火分区和不同楼层。

3. 设置不少于两个安全出口

火灾中，保护人员的安全是最重要的。这就要求设计时要保证有足够的出入口数量、宽度和保证疏散通道的绝对安全。地下建筑的每个房间、洞室宜设两个安全出口，以防一个被火势或浓烟封住时能从另一个出口逃生。地下商场之类的公共建筑，如果防火分区的面积较小，第二出口可以是通过门借用其他分区通向室外的。如果防火分区的面积较大，则不宜用其他分区的安全出口作为第二出口了。

4. 设置自动消防设施和备用电源

地下建筑如果规定必须设置自动消防系统的，必须无条件地加以设置，并保证完好有用，当作为地下公共建筑（如地下商场、地下娱乐场所等）使用时，即使不属于必须设置自动消防系统时，加以设置，对于及时发现火灾、疏散人员、扑灭火灾也是十分有用和必要的；对于备用电源来说，在这两类场所设置，对于防止人员用火不慎和避免慌乱也能起到重要的作用。

5. 加强使用管理

地下建筑投入使用后管理是十分重要的，严格控制地下建筑的使用功能。地下建筑由于其火灾的部位，危险性相对于地上建筑而言要大得多。对于使用功能，应严格加以控制，不允许擅自设立地下娱乐场所、地下商场、地下仓库，有关部门一经发现应严格取缔，对于危险品更是决不擅自使用和储存（含超量储存）的。严格控制火源，地下建筑中不允许动火的地方决不能动火，即使能动火的地方也应尽量少动火，特别是对于地下商场更应加强巡逻，以防有顾客遗留火种，造成火灾。随时检查消防设施的完好状况，一旦有损坏应立即加以维修或更换。

■■■ 趣味故事

1. 孙中山与火结缘

国民主革命的先驱孙中山，在他的革命生涯中与火结下了不解之缘。1894 年 11 月，孙中山在檀香创立了中国早期的资产阶级革命团体——兴中会，为了保密，成立大会的地址选在了"华人消防所"，这个救火救生的群众团体十分安全，保证了成立大会的顺利召开：1912 年的一天，安徽都督柏文蔚得知装载大量鸦片的一艘英国商船在安徽省安庆县长江水域行驶，下令将该船查扣。英国驻安徽的领事说中国警察侵犯了英国在华商人的正当权益，提出"抗议"，要求中方在 24 小时内放行，交还全部货物，并向英方赔礼道歉。同时，在长江游弋的英国炮舰，将炮口对准安庆城。

就在这十分危急的时刻，孙中山来安徽视察路过安庆，安徽都督柏文蔚登上孙中山的座舰"江赛"号，请示孙中山此事如何处置。孙中山闻听此事拍案而起："非给英国鸦片贩子以沉重打击不可！"次日，孙中山在"江赛"号甲板上向前来欢迎的群众激昂陈词，历数了林则徐禁烟以来西方国家对中国的侵略罪行，面对英军的炮口，果断下令："将缴获的所有鸦片，悉数烧毁！"

2. 慈禧害怕电影

光绪三十年（1904），慈禧太后 70 寿诞时，英国驻华公使晋献给她一部电影放映机和几部影片，一次放映时突然着火，

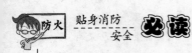

片子及电影放映机被烧毁。火势快，火焰猛，使慈禧太后大惊，于是她特颁一道谕旨：紫禁城里不准放电影。

3. 皇帝指挥救火

《东华录》载："二月丙子，正阳门外居民火，上御正阳门楼，遣内臣待卫扑救之。"这里说的"上"指的是康熙皇帝。此事发生在康熙二十六年（1687年）二月十一日。康熙对火灾历来很重视，史载，康熙三十四年（1695年）二月二十三日夜，西苑五龙亭、光明殿失火，次日黎明，康熙亲自到现场视察火情。由于康熙重视防火，因此，在他执政的61年间，故宫只发生过一次火灾。

旅 游 防 火 篇

5.1 宾馆饭店防火

出门在外，千万不要把旅途中的驿站——住宿安全放在脑后。据统计，全世界每年发生在宾馆内、一次性造成 50 人以上死亡的大火近 400 起，死亡 30000 多人。2004 年全国发生宾馆饭店火灾 332 起，死亡 11 人，伤 17 人，直接损失 63.0 万元。造成旅客大量死亡的主因，大都是游客们经过白天的车马劳顿，尽兴游玩之后，很快就进入了梦乡，而且大多数游客对在大火中逃生的概念几乎一无所知。因此，真正被大火烧死者、被烟雾窒息而死与因惊慌而盲目逃生致死者的比例是 1:4.5，这就说明火场逃生的可能性还是相当大的。宾馆、饭店是公众聚集场所之一，是供国内外旅客吃、住、办公、娱乐、会客、聚宴于一体的重要场所。现代化的宾馆、饭店一般都具有功能综合化的特点，它是集餐厅、娱乐厅、会议室、客房、商场、库房、洗衣房、锅炉房、停车场等辅助用房于一体，具有"小社会"之称的综合性建筑。

随着社会经济的发展和人们生活水平的日益提高，各个地方的客流量明显增加，特别是旅游热的兴起，更给宾馆、饭店

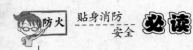

创造了无限商机。经营者为了满足更多消费者的不同需求，室内装修趋向豪华化，共享空间大，经营商品多样化，且可燃物品所占比例不断提高。一旦发生火灾，将难以施救。

火灾案例

2005 年 6 月 10 日，广东省汕头市潮南区峡山街道华南商贸广场华南宾馆发生火灾，造成 31 人死亡，28 人受伤，烧毁内部装修、家具、电器等物品一批，过火面积 2800 平方米，直接财产损失 81 万元。

经过公安部火灾事故调查专家和当地刑事技术人员及火灾事故调查人员对现场进行反复勘查、清理，根据燃烧痕迹特征和证人证言，最终认定广东汕头华南宾馆"6·10"火灾原因系二层金陵包厢门前吊顶上电气线路短路故障，引燃可燃物所致。

案例分析

1. 宾馆消防安全责任制不落实，业主消防安全法制意识淡薄，严重违反消防法律法规。从 1993 年土建开始，到 1996 年和 2003 年室内共装修两次，该建筑的业主均未依法向消防部门申报建筑消防设计审核和验收，擅自施工并投入使用。2003 年该宾馆重新装修后，也未依法向消防部门申报消防安全检查。该宾馆存在严重的火灾隐患，建筑内部使用大量可燃装修材料，消防疏散通道和安全出口不符合要求，未设置自动喷水系统等建筑消防设施。

2. 旅客消防安全素质不强，从业人员缺乏基本的消防安全常识。火灾发生时，宾馆服务人员没有及时报警，及时扑救和采取有效措施组织人员疏散，导致三、四层的住客因不知起火情况而受到浓烟包围未能及时逃生。宾馆住宿人员缺乏消防安全常识和逃生技能，部分人员不懂火灾现场的自防自救，被火场浓烟熏死。

3. 火灾报警迟缓，延误了灭火救人的最佳时机。根据调查取证，该起火灾的发生时间为 11 时 45 分左右，但该宾馆从业人员并没有及时报警，大约 30 分钟后（即 12 时 15 分），消防队才接到途经路人的电话报警。当消防队到场时，火势已无法控制，浓烟滚滚，处于猛烈燃烧阶段，为及时有效抢救被困人员带来了很大困难。

4. 城镇公共消防基础设施和消防装备建设滞后。火灾现场过火面积达 2800 平方米，但由于现场市政消火栓不足且压力不够，难以有效保证火场供水，只能靠消防车接力运水灭火，影响了灭火救援行动的顺利开展。在这次火灾扑救中，还反映出部队消防车辆装备和消防员个人防护装备不适应灭大火、打恶仗的问题，特别是辖区消防队缺乏登高救援的器材装备，在灭火救援战斗中，有 12 名官兵因深入火场搜救被困人员、空气呼吸器内气体用尽吸入浓烟中毒而住院治疗。

5. 当地消防部门对加强新形势下非公有制企业消防安全监管缺乏积极研究。在本辖区经济快速发展的情况下，对非公有制企业消防安全对策研究不够，措施不够到位。峡山街道 2003 年前只是潮阳市的一个镇，并不属于中心城镇，随着 2003 年汕头市行政区域调整成立潮南区后，才成为其下属一个街道。位于峡山街道的华南宾馆为民营企业，因该宾馆建筑物从土建到先后两次装修，均未依法向消防部门申报建筑消防设计审核和验收，属于违法建筑物，因此该宾馆为非消防安全

重点单位。潮南区消防大队在对其实施消防监督抽查时，对发现的火灾隐患依法发出了责令限期改正通知书，并依法到期进行了复查。但面对宾馆方面拒绝签领复查意见书以逃避消防行政处罚的情况，过多考虑到缺乏强有力的法律支撑，导致消防监督陷入两难困境。

5.1.1　宾馆饭店火灾有什么特点？

1. 所含可燃物品多，火灾负荷重

目前，大多数宾馆和饭店的建筑都采用钢筋混凝土或钢结构，但内部装饰材料均大量采用可燃木料和塑胶制品，室内陈设的家具、卧具、地毯、以及窗帘等大部分都是可燃物质，一旦发生火灾，这些材料猛烈燃烧，迅速蔓延；同时塑胶燃烧时会产生高温浓烟及有毒气体，增加补救难度。如，1994年12月26日绍兴王朝大酒店（25层）火灾，10层局部发生火灾，损失近50万元。

2. 建筑空间大，火势蔓延快

现代宾馆、饭店，大多数是高层建筑，其建筑内楼梯井、电梯井、电缆井、管道井、污水井、垃圾井等竖井林立，如同一座座大烟囱，通风管道纵横交叉，延伸到建筑物的各个角落，一旦发生火灾，竖井产生烟囱效应，会使火焰沿着通风管道和竖井迅猛蔓延扩大以至危及全楼。

3. 用火、用电、用气点多量大

空调设备的安装及其他电器的配备，破坏了原有的防火间隔，另外，如宾馆、饭店内的歌舞厅在营业期间使用的各种灯具，例如台口灯、布景灯、面光灯、天幕灯、耳光灯、顶灯、追光灯达几十种，且数量大、功率大，加之各种音响设备等，一旦使用不当，容易造成局部过载；线路短路等而引起火灾。有的灯具表面温度相当高，如碘钨灯的石英玻璃管表面温度可达 500～700℃，若与幕布、布景等布置太近，极易引起火灾，还有舞台上电线纵横交错，若使用不当，也易引发火灾。

4. 出入口少，疏散难度大

宾馆、饭店通道狭窄，出入口少而小，且旅客对内部通道不熟悉，一旦发生火灾，往往惊慌失措，方向不明，拥塞在通道上造成混乱，给疏散和施救带来极大困难。

5. 客流量大，危险因素多

宾馆、饭店进出人员复杂，客流量大，特别在一些低档次的旅馆及招待所，住客素质低，防火意识淡薄，随处可能埋下火种（如烟蒂头、火柴等），这些都是火灾隐患的所在。

6. 装修频繁，火灾易发率高

一般高档次宾馆、饭店为了吸引顾客，经常搞室内装修和设备维修，在装修过程中，常使用易燃易爆液体稀释油漆或易燃的化学物品粘贴地面或装饰墙面，这些物品会产生易燃蒸气，如遇上明火，会马上燃烧。另外，在维修设备动用明火时，因管道传热或火星掉落在可燃物上以及隙、夹层、垃圾井中，也易引起火灾，不易及时发现。

7. 厨房内火不慎，易起火灾

厨房内设有冷冻机、厨房设备、烤箱等，由于雾气、水气大，油烟积存较多，电器设备易受潮和导致绝缘层老化，造成漏电或短路起火。另外，厨房用火频繁，若可燃性气体的管道漏气，操作不当或烹调菜肴、油炸食品时不小心，都容易引起火灾，特别是在西式厨房中，这种现象较为普遍，油污积在抽油烟机罩上及排气管内，当炉灶火焰上升触及油污时，便会马

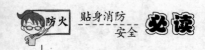

上着火，并迅速蔓延。

5.1.2 宾馆饭店火灾的主要原因是什么？

宾馆发生火灾时，严重威胁人们的生命和健康的主要原因有：一部分旅客住在较高的楼层，他们对宾馆的环境和建筑物的内部结构陌生，一旦发生火灾时便惊慌失措，发生行动差错，不按次序疏散，带来严重灾难；绝大多数火灾都在夜间发生，此事多数人已处于熟睡状态，逃难行动拖延的时间长。少数没有睡眠的都在饮酒或娱乐，对火灾反应不敏感，不能及时逃难造成伤亡；发生火灾后，大火、浓烟和高温都迅速扩散，严重威胁人们生命安全。从国内外的宾馆火灾的实例来看，乱丢火柴、烟头以及电气事故、厨房用火不慎等都是引起火灾的主要原因，而客房、厨房、餐厅、歌舞厅是主要的失火场所。

5.1.3 入住宾馆要注意些什么？

1. 熟悉宾馆住宿指南，留心周围消防设施。当进住宾馆酒店后，再疲劳也必须首先浏览一下住宿指南或客房电话簿。通常住宿指南上都印有常用的电话号码和宾馆酒店内部的应急电话号码，熟悉这些号码绝非多余之事，万一发生火灾或其他紧急情况，只要通过电话就能实现与消防控制室或总台的通话，不至于束手无策。

2. 应读懂逃生路线图。宾馆客房的门后一般都贴有"逃生路线图"，它一般是一张印有本楼层平面示意的图纸，本房间的位置和房号均有标志。同时有一个箭头（通常是红色）自房间的位置沿走廊指向最近的疏散部位，在入住宾馆的第一时刻要读懂这张图。逃生路线图是客房设计中必备的，它虽不起眼，但在发生火灾等意外事件的时候，熟悉它的人会比较容易找到逃生线路。因为危急关头，人们往往冷静不下来，如根本没有看过图，就很难找到逃生线路。因此，入住宾馆酒店后千万不要忘了看懂安全通道示意图。

3. 留意疏散指示标志。在火灾发生时，为了避免更大的意外，正常的照明用电会被切断，这些疏散指示标志会显得异常明亮。按照它们的引导，无论在走廊、餐厅还是会议室等公共空间里，都能以最便捷的路线找到出口。应急疏散指示牌是镶嵌在墙壁上的画着人奔跑样式的绿色长方形指示牌。在夜间或照明电源被切断的情况下，这些接有应急照明的绿牌子会显得异常明亮，能够在关键时刻引导人们以最便捷的路线找到出口。通常，在公共场所的门上方，都有一块这样的显示牌，它表明应从这里出去；而在走廊里，这样的显示牌通常设置在墙的下方。

123

4. 掌握疏散门的开启方法。疏散途中的门和楼梯间的门都是开向逃生疏散方向的，只要向外用力，就可以方便打开而不至于浪费时间。有的疏散门，加上了一种特殊五金件，用身体的任何部位推、撞就可以轻易打开，避免了在慌忙之中找扶手的麻烦。

5. 留心一下客房内外灭火装置的设置情况，诸如灭火器的摆放位置，消火栓和自动喷淋装置等，室内消火栓是宾馆酒店建设中不可缺少的重要灭火设施，熟悉它的位置、掌握它的使用方法，可在扑灭初期火灾时发挥重要作用。

6. 学会使用防毒面具。较高档的酒店房间中都有防毒面具，要学会如何使用。

7. 遵守宾馆的防火安全管理制度，不要躺在床上吸烟，

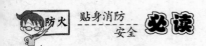

不要私自增设电器设备。

5.1.4　宾馆饭店发生火灾如何逃生？

1. 一旦发现火灾，千万不能打开房门观望，因为火灾时容易形成冷热主气对流，使烟火扑面而来。要迅速用水浸湿床单、毛巾等堵塞房门的空隙，防烟气窜入，然后用湿毛巾捂住口鼻等待救援。

2. 要听从宾馆人员的口头引导和广播引导，切不可盲目疏散。

3. 想办法自救。现在很多宾馆尤其是发达国家的宾馆客房内，都备有自救缓降器和自救绳，入住时就应向服务员问明放置位置和使用方法，一旦发生火灾后，可迅速逃生。同时，一般高层宾馆的自身消防硬件设施也比较完善，比如楼梯间都是防烟或封闭的，而且距离所住的房间都不远，只要迅速进入楼梯间大都能活命，一旦脱离险境切记莫重返火场。

4. 如果不是自己的房间起火，一般来讲自己的房间就是最好的避难地。只要不打开门窗让烟气窜入，大火要想烧穿客房门也需要一段时间。同时，宾馆内的公共厕所、电梯间、楼梯以及袋形走廊末端设置的避难间，也是暂时避难的好去处。

5. 如果你被浓烟烈火围困之时，千万不要惊慌，更不能盲目跳楼。一定要保持镇静，待在自己的房间，同时采用色彩鲜艳的物品，如床单等站在窗口挥动或喊话吸引消防人员来救援。

6. 在火场中或有烟雾的室内，行走应尽量低身降低高度前进，防止吸入有害气体引起窒息；在逃生途中应尽量减少所携带物品的体积和重量；要正确估计火势的发展和蔓延趋势，不可盲目采取行动；切忌侥幸心理，先要考虑安全及可行性后方可采取措施；逃生、报警、呼救要同时进行，不能只顾逃生而不顾报警与呼救。

5.1.5　旅游住宿时突遇高层酒店发生火灾如何逃生？

1. 事先了解和熟悉该建筑物的太平门和安全出口情况，做到心中有数，以防万一。

2. 火灾初起时，切不可惊惶失措，可用灭火器或水在最先时间去扑灭，此时还应呼喊周围人员出来参与灭火和报警。如有两人以上在场，一人应尽快去打火警电话报警，另外人员积极参与灭火。当周围人群较多时，应首先组织老人、儿童迅速撤离大楼，在行动中要做到随手关门，特别是防火门。假如有多人参与灭火，应进行分工，一部分人负责扑灭火，另一部分人撤离火焰周围的可燃物，防止火焰过快蔓延而酿成大火。

3. 当起火点在其他房间内或楼层，开门前应先用手触摸门把锁。如果门锁温度很高，或有烟雾从门缝中往里钻，则说明大火或浓烟已封锁房门出口，此时千万别贸然打开房门。如果门锁温度正常或门缝没有烟雾钻进来，说明大火离自己尚有一段距离，此时可打开一道门缝观察外面通道的情况。开门时要用一只脚去抵住门的下框，防止热气浪将门冲开，助长火势蔓延。在确信大火并未对自己构成威胁的情况下，应尽快离开房间逃出火场。

4. 当大火和浓烟已封闭通道，应关闭房内的所有门窗，防止空气对流，延迟火焰的蔓延速度；用布条堵塞门窗的缝隙，有条件时用水浇在迎着火的门窗上，降低它的温度；在较高楼层上的呼救声，一般地面上的人是听不到的。这种情况

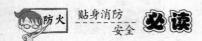

下一方面应利用手机、电话等通讯工具向外报警，以求得援助，另一方面也可从阳台或临街的窗户内向外发出呼救信号，向楼下抛扔沙发垫、枕头和衣物等软体信号物，夜间则可用打开手电、应急照明灯等方式发出求救信号，帮助营救人员找到确切目标。在得不到及时救援，又身居楼层较高的情况下切不可盲目跳楼，可用房间内的床单、被里、窗帘等织物撕成能负重的布条连成绳索，系在窗户或阳台的构件上下滑到下面没有起火的楼层时，就可以破窗而入；也可利用建筑物外墙上的落水管、避雷针等逐层下降至地面或没有起火的楼层逃生。以上方法不适合年龄小、年纪大、病人或行动不便的人。

5. 当离开房间发现起火部位就在本楼层时，应尽快就近跑向已知的紧急疏散口，遇有防火门应及时关上；如果楼道已被烟气封锁或包围时，应尽量降低身体尤其是头部的高度，也可利用湿毛巾或湿衣服等捂住口鼻。如果人员必须经过火焰区，逃生前最好将衣服用水浇湿、用湿毯子裹住全身或用湿衣服包住头部等裸露部位。当确信火灾不在自己所处的楼层时，仍应就近向紧急疏散口撤离。如果自己对疏散口一无所知，则应按以下方法逃生：如果着火点位于自己所处位置的上层，此时应向楼下逃去，直至到达安全地点。在高层建筑火灾中，不到万不得已时，不要向楼上跑，以防走上绝路，因为火主要是向上蔓延，且速度很快，烟气向上扩散的速度也比水平流动的速度快好几倍；逃出火场后，切不可再顾及遗留在室内的物品返回火场。

6. 外逃时千万不要乘坐电梯。因为火灾发生后电梯可能停电或失控。同时，由于"烟筒效应"，电梯间常常成为浓烟的流通道。正确的逃生途径是楼梯，这种安全通道都配有应急指示灯作标志，在火灾发生时，人们可以循着指示灯逃生。有些高层建筑还专门设有避难层，如果无法逃离大楼，可以暂时呆在避难层等待援助。

7. 如果下层楼梯已冒出浓烟，不要硬行下逃。因为火源可能就在下层，向上逃离反而更可靠。可以到晾台、天台，找安全的地方，候机待救。

8. 切记高层建筑火灾中千万不可钻到床底下、衣橱内、阁楼上躲避火焰或烟雾。因为这些都是火灾现场中最危险的地方，而且又不易被消防人员发觉，难以获得及时的营救。

9. 若被困在室内，应迅速打开水龙头，将所有可盛水的容器装满水，并把毛巾、被单、毛毯打湿，以便随时使用。

10. 逃生过程中，切忌有从众心理。往往大家都喜欢跟着人群逃生，但很有可能当大家都逃到一个安全门这里因为门口狭小，产生互相踩踏现象。另外，不是有亮光的地方就是好的，越亮的地方往往是火势最猛烈的地方。千万要分清楚是日光照射的亮还是火光下的红亮。

5.2 旅游区森林防火

近年来，随着旅游业的发展，喜欢郊外游、独步游、探险等的人越来越多，特别是很多朋友喜欢到各地的名山大川旅游，喜欢到大自然中去享受绿色，掌握一定的森林火灾常识和技能对于保全生命财产安全是非常必要和有益的。

火灾案例

2005 年 7 月 16 日，西班牙中部、首都马德里东部的瓜达

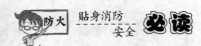

拉哈拉省一个自然保护区发生森林大火，大火借助风势以及高达 400℃ 的高温不断蔓延。当局 17 日投入了约 150 名消防队员参与灭火行动。然而，14 名消防队员在 17 日的灭火行动中殉职，另有一名消防队员被严重烧伤送到医院治疗。大火烧毁了约 5000 公顷森林，许多居民被紧急疏散到安全地区。

据调查，引发此次森林大火的原因是游客在野外烧烤时未能将明火熄灭所致，加之严重干旱和高温天气导致灾情恶化。当时西班牙遭遇自 1940 年以来最严重的干旱及高温天气，导致多个地区出现火灾事故。

案例分析

1. 自然保护区管理不严。在干旱和高温天气的情况下，没有严格禁止游客携带明火进入林区。

2. 游客缺乏防火意识。游客在野外烧烤时没有严格遵守有关防火规定，未能将明火彻底熄灭。

5.2.1　旅游区森林火灾有什么特点？

1. 森林面积大，没有围墙，出入口四通八达，游客多，其中难免一些游客的防火意识不强，随意抽烟或丢烟头，点燃周围杂草，而发生火灾。另外，进入林区的有相当一部分是儿童或者中小学生，由于好奇心玩火烧荒而发生的火灾也经常发生。

2. 由于山林阳光充足，各种树木生长茂盛，杂草多，且是易燃物，一到秋冬季节，干枯的杂草很容易被点燃。

3. 林区往往地形复杂，水源缺乏，加上管理人员少，校方实施建设十分薄弱，一旦发生火情，组织扑救相当困难。

5.2.2 旅游区森林起火原因主要有什么？

1. 雷击起火。当天空中的带电云团在林区上空时，云层与地方之间放电，打燃林区的树木、杂草丛而引起森林火灾。

2. 植物自燃。在干旱季节由于阳光的强烈照射，林区腐殖质发生高热，引起地被植物自燃。

3. 农林牧业生产用火引发火灾。主要有烧荒、烧牧、烧灰积肥、烧田埂草、烧防火线、烧秸秆以及烧炭、烧石灰、猎枪跑火等引发火灾。

4. 交通运输等引发火灾。主要有通过林区铁路的机车喷火，林区冶金炼铁等。

5. 林区群众或旅游者野外吸烟、做饭烧烤、小孩玩火等。

5.2.3 旅游区森林有什么防火要求？

1. 吸烟是导致火灾的最常见的原因，特别是人在疲倦时吸烟，往往忽略手里的香烟或习惯性的抛烟更容易引发火灾。所以，旅游者要自觉树立吸烟勿忘防火的意识，不在禁烟区吸烟，不随便丢弃未熄烟头，不在睡袋或帐篷内吸烟。

2. 旅游者在野外露营时，在选择地点时，应找一些靠近水源的地方。也可以在临睡前，在身旁放置一盆水，以便能在紧急时刻应对可能出现的险情。这样，万一遇到火时，旅游者就能就近取水救火。

3. 野营时，切忌在帐篷内点蜡烛，翻倒的蜡烛很容易引起火灾而烧毁帐篷。不得已时，也可用一个平稳的石台插座，随时注意汽油煤油等，不可放在帐内，帐内的照明最好使用手

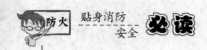
电筒或营灯。

4. 在野外搭灶烧煮食物时，要合理选择火堆的位置，注意避开易燃物，与树木、杂草、帐篷等保持足够的安全距离。同时要注意风向，将篝火等火源设置在易燃物的下风向。

5. 野外用火一定要有专人看管火种，并负责在使用完毕后用水或土石将火焰彻底熄灭。

6. 游客严禁在林区上坟烧纸、玩鞭炮、烟花等。

5.2.4　旅游区森林发生火灾如何逃生？

在森林中一旦遭遇火灾，应当尽力保持镇静，就地取材，尽快做好自我防护，可以采取以下防护措施和逃生技能，以求安全迅速逃生：

1. 在森林火灾中对人身造成的伤害主要来自高温、浓烟和一氧化碳，容易造成热烤中暑、烧伤、窒息或中毒，尤其是一氧化碳具有潜伏性，会降低人的精神敏锐性，中毒后不容易被察觉。因此，一旦发现自己身处森林着火区域，应当使用沾湿的毛巾遮住口鼻，附近有水的话最好把身上的衣服浸湿，这样就多了一层保护。然后要判明火势大小、火苗燃烧的方向，应当逆风逃生，切不可顺风逃生。

2. 在森林中遭遇火灾一定要密切关注风向的变化，因为这说明了大火的蔓延方向，也决定了逃生的方向是否正确。实践表明现场刮起 5 级以上的大风，火灾就会失控。如果突然感觉到无风的时候更不能麻痹大意，这时往往意味着风向将会发生变化或者逆转，一旦逃避不及，容易造成伤亡。

3. 当烟尘袭来时，用湿毛巾或衣服捂住口鼻迅速躲避。躲避不及时，应选在附近没有可燃物的平地卧地避烟。不可选择低洼地或坑、洞，因为低洼地和坑、洞容易沉积烟尘。

4. 如果被大火包围在半山腰时，要快速向山下跑，切忌往山上跑，通常火势向上蔓延的速度要比人跑的快得多。

5. 一旦大火扑来的时候，如果处在下风向，要作决死的拼搏，果断地迎风对火突破包围圈，切忌顺风撤离。如果时间允许可以主动点火烧掉周围的可燃物，当烧出一片空地后，迅速进入空地卧倒避烟。

6. 脱离火灾现场之后，还要注意在灾害现场附近休息的时候要防止蚊虫或者蛇、野兽、毒蜂的侵袭。集体或者结伴出游的朋友应当相互查看一下大家是否都在，如果有掉队的应当及时向当地灭火救灾人员求援。

7. 乘车路经山区或林区的时候一定不要向车外扔烟头，要遵守禁止使用明火的规定。

5.3 旅客列车防火

铁路客车是铁路运输中用以运送旅客的运载工具。按车辆用途和外观形式，可分为硬(软)座车、硬(软)卧车、餐车、行李车、邮电车、发电车及特种用途车(公务车)等。随着我国社会主义经济建设的不断发展，铁路客运运输也得到了长足的发展。短短几年间，铁路干线、支线多次提速，许多列车实现了夕发朝至、朝发夕至，而且新型车体的普遍使用，以及服务质量的不断提高，旅游市场、假日运输，都使铁路更加具有吸引力，使之成为旅客出行的首要选择。如何加强旅客列车的防火安全，确保旅客列车不发生火灾、爆炸事故，从而达到保证旅客生命、财产的绝对安全，显得尤为重要。

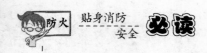
火灾案例

2004 年 3 月 13 日 3 时 44 分，哈尔滨开往广州的 T238 次客车（哈尔滨局配属），在京秦线昌黎车站临时停车时发生火灾，烧毁机后第 11 位餐车（CA_{25K} 892671）1 辆，直接财产损失 189.6 万元，影响本列运行 2 小时 46 分。

根据现场勘查和调查，认定火灾系身份不明的无票扒车人员，在车顶被牵引供电网电击起火，倒在餐车棚顶空调机与车体软风道连接处，将玻璃钢防护板引燃，继而将橡胶夹布软连接通风道烧毁，火由车体风道蔓延进入车内成灾。

案例分析

1. 车站治安管理有漏洞，卡控闲杂人员攀扒列车措施不够有力。据北京铁路公安和安监部门的调查，扒车人员是在沈阳铁路局管内攀上列车顶部，为 T238 次客车埋下火灾隐患。

2. 缺乏应急处置措施。发现 T238 次列车车顶有人之后，秦皇岛和昌黎车站均因电网有电未能上车清理。电击发生，人体起火，车顶部冒烟之初，站车工作人员无奈只能用手提式灭火器站在车下远远地往车顶上喷射，消防队赶到现场，同样是先后两次因电网带电，不敢打水灭火，贻误了灭火时机，加大了火灾损失。

3. 车站消防设施基础薄弱。T238 次客车火灾发生后，站车工作人员缺少必要的消防设施和工具而束手无策，延误了灭火时机。

4. 车辆构造有欠缺。客车车体耐火性能差，非金属材料达不到阻燃要求，车顶空调防护罩、风道和餐车顶板使用的是可燃玻璃钢材质，橡胶夹布软连接风道未经阻燃处理，致使起火尸体将玻璃钢防护板引燃，继而将橡胶夹布软连接风道烧毁，火再由玻璃钢风道进入车内，蔓延成灾。

5.3.1　旅客列车火灾有什么主要特点？

1. 由于旅客列车车厢内人员集中，火灾发生时，旅客急于逃生，造成人员拥挤堵塞，无法及时疏散，易造成群死、群伤的事故。更为严重的是，燃烧产生的浓烟，大大降低了能见度，给逃生增加了困难。车体采用了较多的高分子化合物，若要发生火灾，燃烧使这些物质产生一氧化碳、氨气、一氧化氮、二氧化氮等有毒气体，列车车窗封闭，有毒气体不宜排出，很容易造成旅客中毒死亡或昏迷烧死。如果将车厢两侧玻璃打碎，空气迅速进入燃烧区域，使火势迅速蔓延，给扑救工作带来难度。

2. 发生火灾后扑救困难大。一是客车上的电气设备多，火源多，人员复杂，导致发生火灾的因素多。二是客车使用的可燃材料多，耐火等级低，一旦发生火灾，车厢内火势呈扇形蔓延，扩展迅速，只能在短时间内（约10分钟左右）集中力量围歼，否则就会贻误战机；客车车厢内的墙板、车地板、顶板和坐席及卧铺都是胶合板的可燃材质；地板是木材、沥青、油毡纸；保温材料是聚乙烯泡沫、双组粉（聚氨酯）等高分子材料；窗帘、桌布、地毯、床上物品、座椅罩等装修、装饰材料均为可燃材质。三是客车在运行中风速大，空气流通，容易在很短的时间内造成火势扩大。旅客列车运行途中，发生火灾的地点，多数都在缺少消防水源和消防器材的区间，公安消防部队不能及时赶到，赶到后，往往因消防车无法靠近铁路而导致施救困难。车厢内的火势不能及时得到控制，就要迅速蔓延扩大，只能在短时间内集中旅客列车上的灭火器进行灭火。如果控制不了，就会造成旅客列车的烧毁，甚至人员的伤亡。

3. 发生火灾后影响大，每列旅客列车乘坐的旅客都在1000 人以上，既有国内旅客，也有国外旅客，发生火灾后，处置不当，一方面造成行车事故，另一方面会造成极大的政治影响。

4. 发生火灾后经济损失大，每辆客车价值几十万元甚至上百万元，除去旅客的私人财产不说，由于铁路干线受阻，中断铁路运输，导致铁路沿线省、市的工农业生产受到影响，其直接、间接经济损失都无法计算。

5.3.2　旅客列车火灾的主要原因是什么？

1. 旅客携带或在行李中挟带易燃、易爆及其他危险品上车。

2. 旅客和乘务人员吸烟，乱扔烟头引起火灾。烟蒂很难将墙板、地板、顶板、座椅、铺面点着，但许多辅助用品如窗帘、座套、卧铺用具、纸张等可燃物品，很容易被烟蒂点燃引起火灾。

3. 车体电器设备线路短路、过载等引起火灾。在配电室、电气配电柜（盘）、发电车等至关重要的部位，乘务人员违反规章制度，违章乱接电气设施；客运乘务人员将卧具单、床罩、椅罩等可燃纺织品搭在电加热器上；乘务人员在打扫卫生时，用水冲洗车厢地板，造成接触不良、短路等，都有可能引起火灾。

4. 客车附属设施不良、餐车人员操作失误引起的火灾等。

一是客车锅炉、炉灶设备不良，造成火灾；二是采暖锅炉无水或缺水烧干锅造成火灾；三是餐车工作人员操作失误，造成火灾。

5.3.3 旅客列车发生火灾如何逃生？

1. 利用车厢前后门逃生。旅客列车每节车厢内都有一条长约20米、宽约80厘米的人行通道，车厢两头有通往相邻车厢的手动门或自动门，当某一节车厢内发生火灾时，这些通道是被困人员利用的主要逃生通道。火灾发生时，被困人员应尽快利用车厢两头的通道，有秩序地逃离火灾现场。

2. 利用车厢的窗户逃生。旅客列车车厢内的窗户一般为70厘米×60厘米，装有双层玻璃。当起火车厢内的火势不大时，列车乘务人员应大声告诉乘客不要开启车厢门窗，以免大量的新鲜空气进入后，加速火势的扩大蔓延。当车厢内火势较大时，被困人员可用坚硬的物品将窗户玻璃砸破，尽量破窗逃生。

3. 疏散人员逃生。运行中的旅客列车发生火灾，列车乘务人员在引导被困人员通过各车厢互连通道逃离火场的同时，还应迅速扳下紧急制动闸，使列车停下来，并组织人力迅速将车门和车窗全部打开，帮助未逃离车厢的被困人员向外疏散。

4. 疏散车厢逃生。旅客列车在行驶途中或停车时发生火灾，威胁相邻车厢时，应采取摘钩的方法疏散未起火的车厢，具体方法是：前部或中部车厢起火时，先停车摘掉起火车厢与后部未起火的车厢之间的连接挂钩，机车牵引向前行驶一段距离后再停下，摘掉起火车厢与前面车厢之间的挂钩，再将其车厢牵引到安全地带。尾部车厢起火时，停车后先将起火车厢与

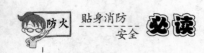
未起火车厢之间连接的挂钩摘掉，然后用机车将未起火的车厢牵引到安全地带。采用摘挂钩的方法疏散车厢时，应选择在平坦的路段进行。对有可能发生溜车的路段，可用硬物塞垫车轮，防止溜车。

5.4 "农家乐"旅游防火

随着旅游热的升温，许多城郊的农民利用自家的房屋，集餐饮、娱乐、住宿为一体，作为旅游度假、娱乐、休息的场所，形式多样的"农家乐"。这种"农家乐"的出现既丰富了游客的业余生活，也富裕了城郊农民。然而，"农家乐"的消防隐患也比较突出，所以，游客务必要保持警惕，避免火灾事故的发生。

火灾案例

2006 年 5 月 1 日，北京市密云县新城子镇遥桥峪村一场院发生火灾，烧毁、烧损停放在场院内的机动车 7 辆，过火面积 300 多平方米，直接财产损失 93.6113 万元。经查，在场院南侧车辆停放处下方斜坡堆积有大量的玉米秸和柴草，起火原因系游客燃放烟花爆竹引燃柴草并蔓延至附近停放汽车所致。

案例分析

1. 场院管理不严。场院负责人明知周围是玉米秸和柴草等易燃物，却没有对燃放烟花爆竹的游客进行及时的制止和劝导。

2. 游客防火意识淡薄。游客不顾烟花爆竹的火灾危险性，在玉米秸和柴草等易燃物附近燃放，直接导致了火灾的发生。

5.4.1 "农家乐"有哪些火灾隐患？

1. 大多数"农家乐"房屋未经过建筑防火审核。农民将自家房屋改建为"农家乐"，没有经过规划、消防等部门的批准，留下了一些先天性的火灾隐患。如原设计为农民的住房，现改为集餐饮、住宿、娱乐为一体的公共建筑，改变了原使用功能。

2. 绝大多数"农家乐"装修大量采用可燃、易燃材料。"农家乐"内有歌舞娱乐场所、餐厅、客房等，这些场所在装修的时候大量采用易燃可燃材料装修。有的经营者为了减少成本，在安装电器线路和设备的时候，没有请专业电工安装，留下许多火灾隐患。有的还采用了劣质的电器产品，致使火灾事故时有发生。

3. 灭火器材配备不足，消防水源缺乏，消防车道不畅。有的经营者没有配备扑救初期火灾的灭火器材。在农村地区，没有市政消火栓，往往只有居民生活用水，远远不能满足发生火灾时的消防用水量。有的经营者虽然修建了消防水池，但没有配备应急电源和消防泵，也不能满足发生火灾时消防水量和水压的要求。这些建筑又没有设计安装室内消防管网和室内消火栓，发生火灾时扑救困难。有的"农家乐"远离公路，发生火灾以后，消防车不能直接到达现场灭火。有的虽然通公路，但是公路是乡村小路，消防车行进非常困难，这些都会影响火灾的扑救。

4. 老板和员工缺乏相应的消防知识。由于"农家乐"是

137

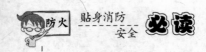

农民自己经营和管理，文化层次和管理水平参差不齐，许多经营者和员工不知道发生火灾以后应该如何疏散群众、如何报警、如何扑灭初期火灾。

5.5 古建筑防火

古建筑是古代建筑的简称，泛指历史保留至今具有较高文物价值和历史价值的建筑物，是历史文物的一个重要方面，具有重要的历史、艺术、科学研究价值以及重要的纪念和教育意义。一般是指始建时间较长远的存在于地面上的各个历史时期的建（构）筑物，包括宫殿、陵墓、衙署、街道、民居、园囿、坛庙、寺观、庵堂、佛塔、楼台、亭阁、城池以及桥梁、堤坝等。上述定义，可以看出古建筑具有不可再生性。我国是文物大国，历史悠久，有着十分丰富的文物古迹和古代建筑，这些文物和古建筑是中华民族五千年灿烂文化的积淀和宝贵的文化遗产。我国古建筑分布点多面广，多为木结构，存在着很大的火灾危险性。一旦发生火灾，扑救困难，损失大，影响大。自古以来，有许多古建筑毁于火灾。据有关专家对 20 世纪 50 年代以来古建筑火灾案例的分析，其中人为因素占 76.8%，非人为因素占 11%；因管理原因导致的火灾占 31.7%，因使用问题导致的火灾占 45.1%；能够及时发现扑救的占 7.3%。调查发现：80% 以上的古建筑火灾均由小火引起，理论上应是能够被发现并扑灭的，而之所以酿成重大灾难事故，除了人们消防意识的淡薄和管理松懈外，消防设施落后、设备设置不到位，是造成火灾扩大的重要原因。

火灾案例

2003年1月19日，世界文化遗产——湖北武当山古建筑群重要宫庙之一的遇真宫发生特大火灾，主殿在这场大火中全部烧毁。大火是从遇真宫大殿东侧的第一间厢房引起，开始在厢房屋顶出现明火，大火很快蔓延到遇真宫大殿。火灾原因是进驻遇真宫的一家私立武术学校的工作人员用电不当起火所致。遇真宫位于武当山北麓的丹江口市武当山旅游经济特区遇真宫村，元末明初时，传奇道人张三丰曾在此结庵，故又名"会仙观馆"。建于明代永乐10年（公元1412年）敕建遇真宫，共建真仙殿、山门、斋堂、道房97间。到了明代嘉靖年间，本宫扩大到396间。现存庙房33间，建筑面积1459平方米，占地面积56780平方米。

案例分析

1. 遇真宫火灾的内因是建筑本身具有很大的火灾危险性，木质结构，火灾荷载大，特定的燃烧和具有传播火焰的条件等。外因是消防施救困难，自防自救能力差，水源匮乏，人员难近，有水难攻。

2. 使用管理不善。武当山文物管理部门违反国家有关规定，擅自将遇真宫使用权转让给一家私立武术学校，埋下安全隐患，最终招来大火。

3. 工作人员防火意识淡薄。遇真宫火灾系原住人员杨峡林搭设照明线路和灯具不规范，埋下了事故隐患；现居住人员周晋波疏忽大意，使用电灯不当，导致电灯烤燃他物而引发的火灾事故。

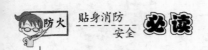

5.5.1　古建筑有哪些火灾危险性?

1. 古建筑的建筑材料大量采用木材，由于古建筑木构件受自然侵蚀多年，含水量较低、极易燃烧，在其周围墙壁之上，以木柱、木梁、斗拱等支撑巨大的屋顶，严实紧密，烟热不易散失，整个结构如架满干柴的炉膛，在燃烧中产生的高热和积聚木材分解出来的大量可燃气体使古建筑易发生轰燃和坍塌。另外，古建筑往往还组群布置，殿堂相连，廊道相接，容易蔓延扩大，火烧连营，造成严重损失。

2. 古建筑一般都有油漆彩绘以及屏风、挂画垂帘等大量可燃装饰，很可能由于电线陈旧、电气设备安装使用不当或可燃织物随风飘荡接触灯烛等原因而引起火灾。

3. 庙宇烧香拜祭、宫殿的祭祖、祭天地等宗教活动，焚香纸等用火，以及工作居住人员炊煮、取暖、照明用火，稍有不慎，都可导致火灾。

4. 游客如带进火种或易燃易爆危险品，特别是乱丢烟头等，也可导致火灾。

5. 有些古建筑被一些单位分割占用作为生产、生活场所，也使其防火安全受到威胁。

6. 古建筑的避雷设施落后，有的虽然安装了防雷设备但不符合安全要求，一旦遭受雷击，也会引起火灾。

5.5.2　古建筑火灾有哪些特点?

1. 易燃烧成灾，火焰温度高。我国古建筑多以柏木、松木、杉木等木材为主要建筑材料，由于千百年的干燥，含水量极低。特别是一些枯朽的木材，质地疏松，加之古建筑梁、柱等构件年久后，产生较多的裂缝和拼接之间的缝隙，造成了表面积大这个特点。另外，古建筑内部多悬挂字画、飘带等织物。因此，极易发生火灾，形成立体猛烈燃烧，在较短时间内使火场温度达到 1000℃以上。

2. 防火间距不足，易水平蔓延。从我国古建筑风格、特点来看，体现了宏伟、庄重、壮观。然而无形中却造成了防火分隔及间距相对很少的缺陷。如果不能及时控制火势，将通过热对流、热辐射、飞火等因素，形成火烧连营。

3. 存在较多人为火灾隐患。一些地方在古建筑开发使用中，为了充分发挥旅游资源优势，片面追求经济增收，忽视安全，违法在古建筑附近甚至内部开设旅馆、饭店等，且这些场所通常管理混乱，火源管理不善，电气线路私拉乱接。另外，古建筑游客流动量大，香火不断，所有这些因素均人为的给古建筑造成了许多火灾隐患。

4. 消防通道不畅，自救能力差，火灾扑救困难。我国古建筑多远离城镇，建于偏远的高山深谷之中，交通不便，有的消防车根本无法通行。一旦发生火灾，消防部队鞭长莫及，延误了灭火战机。而古建筑又多没有训练有素的专职消防员，也没有足够的消防装备设施和水源，往往只能眼睁睁看着火灾的肆虐发展。

5. 易倒塌，造成伤亡。多数古建筑承重构件使用可燃的木质材料，因此，一旦发生火灾承重构件极易燃损、烧毁，失去承重作用，造成古建筑倒塌。对人员安全造成极大危胁，很容易出现伤亡事故。

5.5.3 古建筑起火的主要原因有哪些?

1. 生活用火不慎。生活用火不慎主要是指在炊事、采暖、

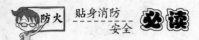

照明等用火过程中失去控制。一是居住在古建筑内的工作人员及神职人员自身用火不慎引起的火灾；二是与古建筑毗连的建筑不慎起火并殃及古建筑。

2. 电气火灾。是因电气线路和设备安装、使用不当引起的火灾。古建筑发生电气火灾的主要原因为：线路老化，绝缘破损，引起线间短路起火；电气设备使用时间过长，导致升温过高起火；照明灯具距离可燃构件或其他可燃物过近，因长时间烘热而起火；随意增加用电负荷，因导线截面过细难以承担较大电流的作用而引起火灾。

142

3. 吸烟用火不慎。

4. 小孩玩火。

5. 宗教、民俗活动用火不慎。在寺庙内进行宗教活动时，需要点灯、烧香、焚纸，而佛堂内又布满了佛像、供桌、香案，火源和可燃物同时存在，稍有不慎就会引起火灾。

6. 雷击。

7. 违反防火安全管理规定。违反防火安全管理规定主要是指在古建筑内进行生产，在古建筑内随意堆放易燃、可燃物品，在古建筑内搭建易燃建筑等。

8. 纵火。一种是刑事犯罪纵火；一种是精神病人纵火。

5.5.4　古建筑有哪些防火措施？

1. 逐级落实防火责任制，任命各级防火责任人，认真贯彻执行《古建筑消防管理规则》和文物保护规定；制定各位置的消防安全制度和灭火方案，并建立防火档案；加强职工的消防意识，普及消防安全知识，提高群体防范能力。

2. 在古建筑内或其范围内进行各种重大宗教活动和利用

古建筑拍摄影视，以及进行危及古建筑防火安全的作业时，必须经公安消防部门和文物管理部门批准。

3. 必须严格控制火源。禁止在古建筑物内使用液化石油气和安装煤气管道。在生活区设置炊煮炉灶与烟囱，必须符合防火安全要求。禁止在供游人参观和举行宗教等活动的地方吸烟，对拜祭用的香火实行严格管理，香炉、焚纸炉应在殿堂门外的安全地方采用不燃材料设立，并有专人值班巡查，经常清灰；指定为宗教活动的殿堂，如必须点灯，应固定在安全地点，把灯放置在玻璃缸内，并设专人看管。

4. 在列为重点保护的古建筑内新安装的电气线路和电气设备，必须经文物行政管理部门和公安消防部门批准，并严格执行电气安装规程。电气线路应采用铜心绝缘线套金属管敷设，不得将电线直接敷设在可燃的构件上；在殿堂内禁止使用碘钨灯等大功率照明灯具和电炉、电水壶等电加热器，所用照明灯具不准靠近可燃物；配线的主线路宜采用地下电缆输入，配线方式一般以一座殿堂为一个单独的分支回路，独立设置控制开关，并安装熔断器作为过载保护。

5. 古建筑在进行较大的修缮工程时，古建筑管理与施工单位，应共同研究制定施工消防安全措施，并报请上级主管部门和公安消防机关批准后，方能开工。如因维修必须进行焊接作业，还需另行办理动火审批手续，经批准后发给动火作业许可证，并落实防火和灭火措施，方可焊接。木材加工和熬炼桐油、沥青等明火作业，要设在远离古建筑的安全地方。

6. 古建筑应安装防雷装置，并在每年雷雨季节之前进行检测维修，保证完好有效。

7. 古建筑不准任何单位个人恣意占用作为他用。在古建

筑保护范围内不准堆放可燃、易燃、易爆物品和搭建可燃建
筑，或在殿堂内用可燃材料分隔房间，现有的必须督促尽早拆
除或搬迁；对重要古建筑的木构件部分宜喷涂透明防火涂料，
以保留其原貌；对各种纺织品饰物应用阻燃剂进行防火处理；
对规模较大的古建筑群，在不破坏原有格局的情况下，宜适当
设置防火墙、防火门以隔成若干防火分区。

　　8. 在古建筑范围内应设计、布置消防供水系统。在有消
防管道的地区，参照有关规定设置消火栓，或根据地区实际情
况修建消防水池，设置消防水缸。同时，应按国家《建筑灭火
器配置设计规范》的要求配备轻便灭火器，在重点古建筑内及
收藏、陈列贵重文物的重点部位安装自动报警系统、自动灭火
系统。有条件的还要装设电话或配备移动电话以备报警时专
用。在不破坏原布局的情况下还要开辟环形消防通道。

5.6　旅游出行要做好哪些防火措施？

　　1. 要学习旅游防火安全自救知识，严格遵守宾馆饭店、
景区(点)、公共娱乐场所的防火安全管理规定，服从管理人员
指挥。

　　2. 出行前仔细检查家中炉火、蜡烛、蚊香等明火是否熄
灭。燃气阀门、电器开关是否关闭，特别是停电后要及时切断
电源再出门，以防复电后发生意外。

　　3. 备些应急逃生工具，学会应急逃生方法。旅行时不妨
带一把小剪刀和一把微型手电筒，一旦遇上火灾，可用剪刀将
床单或窗帘剪成能承受一定重量的布条来代替绳索逃离火灾区；
微型手电筒可在没有照明的情况下发挥照明和报警等特殊作用。

4. 自驾车旅游，在出行前要对油路、蓄电池接线柱及电气线路进行检查，防止出现短路。因为，汽车在长途行驶中，电器、线路、供油系统容易发生故障而自行燃烧。另外，行使中，千万别在仪表盘上放气体打火机、空气清新剂、灭蚊剂等受热膨胀后易引起火灾的易燃易爆物品。最好给爱车配备灭火器，避免发生火灾造成财产损失和人员伤亡。

5. 随时不忘对孩子的监护，切记让孩子远离火种，并充分考虑到老弱残病者紧急情况下疏散能力较低的问题。

6. 不擅自携带汽油、煤油、酒精、油漆、可燃气体、烟花爆竹等危险化学品乘坐车船等各类交通工具，或到旅游景区（点）、宾馆饭店、度假村、农家乐及公共聚集场所进行游览观光活动；发现别人携带要及时提醒、制止。

7. 外出至公共场所尽量不要吸烟，更不可在有易燃或可燃物的地方吸烟、卧床吸烟、酒后吸烟或乱丢烟头。

8. 到商场、饭店以及公共娱乐场所购物、就餐、娱乐时，要注意观察安全标识和安全通道行进线路，以便安全离开。

9. 不进入边施工边营业的公共场所；不到疏散通道、应急照明等消防设施不符合要求的录像厅、歌舞厅、游艺厅、咖啡厅、网吧、商场等场所娱乐、消费。

10. 夜间闻到煤气、液化石油气、汽油等异常气味时，要及时查看，但不要轻易使用明火照明。

趣味故事

1. 爱迪生失火挨打

伟大的发明家爱迪生，一生中曾两次遇"火"：十几岁时，他在铁路上做小工，一天他在车厢里搞实验，不慎引起火灾，

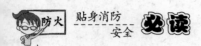

被主人狠狠打了一个耳光，从此这位伟大的科学家患了耳聋病，终身致残；1912 年 12 月，他在自己的工作室研究无声电影，试制镍铁电池时发生了火灾，大火着实凶猛，整个工厂被毁灭，多年来积累的宝贵资料也被烧毁，妻子急得直哭，他却非常乐观："这样的大火，百年难得一见。"次日清晨，他把全体职工召集起来宣布："我们重建！"。

2. 屠格涅夫临终写"火"

1838 年 5 月，当时年仅 19 岁的俄国大作家屠格涅夫乘"尼古拉一世"号轮船前往法国，第四天晚上，船上发生了火灾，乘客们纷纷跳上舢板逃命，慌乱中一只舢板沉入大海，一个携带黄金的大富翁也坠海而死。见此情景，屠格涅夫吓得要死，请求一个水手救命，只要救了他的命，他有钱的母亲可以付 1 万卢布作酬金。在去世前，他口述了一篇特写《海上大火》，如实地描写了自己当时的失态。

3. 鲁迅救火

鲁迅先生早年曾在绍兴中学堂执教。1910 年的一天，鲁迅闻知校内厨房着火，立即提着水桶赶向火场，朝着师生们大喊一声："来，跟我上！"边喊边爬上梯子，将水桶递给屋顶上的人灭火。在鲁迅先生的精神鼓励下，师生们踊跃上前，很快将大火扑灭。

第 **6** 章

火灾逃生与报警

2002 年 6 月 16 日，北京"蓝极速"网吧因放火发生火灾，造成 25 人死亡、12 人受伤；2003 年 2 月 2 日，黑龙江省哈尔滨市天潭酒店发生火灾，造成 33 人死亡、10 人受伤；2004 年 7 月 16 日，印度南部一所学校发生特大火灾，至少有 75 名儿童丧生、100 多人受伤。据统计，近年来，我国每年因火灾死亡的人数大约在 2000～3000 人之间，因火灾受伤的人则达 5000 人左右。

人，最宝贵的是生命。一场大火降临，在众多被火势围困的人员中，有的人不知所措，生灵涂炭；有的人慌不择路，跳楼丧生或造成终身残疾；也有的人化险为夷，死里逃生。这固然与起火时间、地点，火势大小、建筑物内消防设施和周围环境等因素有关，还要看被火围困的人员，在灾难降临时是否具备逃生自救的本领。如果我们以人为本，努力提高消防安全意识，学习和掌握逃生自救知识，就可以临危不惧，幸免于难。

6.1　自救逃生与报警的基本知识

6.1.1　面临火灾时人的心理和行为是怎样的？

面对突如其来的火灾，人们的心理和行为是多种多样的。

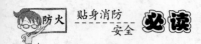
火灾来势凶猛，危及生命，被烟火围困的受灾人员在生命悠关的瞬间能产生各种异常的心理，表现出各种各样的行为，往往瞬间的不良心理导致错误的行为，造成终生的遗憾甚至生命的终结。而良好的心理反应，正确的逃生行为，有效的灭火措施，往往能使受灾人员绝处逢生。根据对人们心理承受能力和火场中人员的行为分析，人在火灾中的心理反应和行为主要有以下几种：

1. 恐惧害怕，不知所措。恐惧心理是指不能迅速适应变化的恐怖环境所产生的一种害怕的心理反应。有的人听到失火警报或着火的喊叫声时，慌忙打开自己的房间门进行逃生，当逃生过程中遇到浓烟烈火，发现已经身陷火海之中时，很快被眼前残酷的情形所震惊，因为心慌害怕头脑中一片空白，判断力、意志力和行为能力下降，出现言行错乱的现象，有的木呆呆地站立，有的瘫坐在地上，任凭火势发展。这种反应多见于妇女、儿童和老人。还有的人在见到上述情形时思维开始混乱，无法正确地判断火灾的发展和危害，大喊大叫地乱跑乱窜。也有的人为了逃生，慌不择路，跳楼而下，造成伤亡。对消防知识不了解，心理承受能力不强的人，容易出现这种反应。1997 年 1 月 26 日凌晨，家住上海市东余杭路 932 号二楼的张某、陈某夫妇在鼾睡中被熊熊烈火封住出口，危急中张某慌忙地只穿了内衣、赤着脚跳楼避险造成全身多处骨折、烧伤，陈某随之也跳楼，结果两脚跟骨折，腰椎骨折。

2. 向光向窄，原路返回。人对黑暗会产生不安全感，把亮光作为希望朝着光亮处疏散是一般人惯常的选择。在火灾浓烟区许多受困人员缺乏冷静的头脑，往往不加任何判断便习惯性的四处乱窜。有的冲着光线较强的地方跑，因此，光亮会成为人们安全疏散的一种指示、引导标志。但也有的人往往会向狭窄的角落奔跑以躲避烟熏火烤的痛苦，结果撞进死胡同。在火灾事故现场，常常发现死者蹲踞在屋角，卧藏在床底下、橱柜里。还有的人对整个建筑不熟悉，尤其是疏散通道不清楚，一旦发生火灾，就急于沿着原先进来的路径跑，这是出于日常习惯而形成的行为。如 1994 年 11 月 27 日，辽宁省阜新市艺苑歌舞厅特大火灾就是如此，起火后，人们只想从哪儿进来就从哪儿出去，堵住了不知多少人的生路。

3. 横冲直撞，盲目从众。所谓从众心理，就是对待客观事物没有从实际出发，别人怎么做自己也跟着怎么做的一种心理反应。这种反应多见于对环境不熟悉，逻辑思维能力差的人群。从众心理的表现行为是：没有主见，随大流。火灾条件下，别人向哪儿跑，自己也跟着向哪儿跑，他人的决心和判断成了追随的目标，放弃自己原来的判断而盲目追从他人，追从多数。特别在我们国家，长期以来，平时无论是工作还是学习和生活，强调的是群体和社会，而不强调个人，社会环境不太鼓励个性，因此，中国人更具有从众的倾向。1994 年"11·27"辽宁阜新艺苑歌舞厅大火死 233 人，其中，仅一个 0.8 米宽的出口其尸体达 158 具。从这些火灾的现场看到，明明火灾现场被人流堵塞，从此逃出已无希望，应另辟途径，但很多逃难者看见别人冲向门，自己也跟着跑向门，结果都倒在了门口。

4. 躲避火灾，反向奔跑。躲避心理是指出于对某一事物的恐惧而躲避的一种心理现象。其表现行为是：人在受到浓烟烈火的侵袭时会向反方向奔跑。往往是建筑物室内起火，尽力的从楼上经走廊、楼梯跑向室外。一旦逃生过程中遇到建筑物下方起火，即转为向上逃生。如 1993 年唐山林西百货大楼"2·14"特大火灾。由于一层出口很快被烟火封住，二层的人转而往上跑，三层的人往下跑离建筑，结果拥挤在大楼西侧二层至三层的楼梯间和平台处，很快被毒烟呛晕窒息。火灾后从此处发现尸体 50 多具。2000 年焦作"天堂"俱乐部"3·29"特大火灾由于北头 15 号包间电暖器引燃易燃材料，火势迅速蔓延扩大，当时，包房负责人王某与妻子冯某在南头一号包间睡觉，被烟呛醒后，两人急忙顶着被子向北往大厅出口处逃去，刚接近 15 号包间大火迎面而来，王某因烧化的地毯胶滑倒，爬起来继续向烟火区冲去，而妻子冯某看见前面烟火很大，就转向火势尚未蔓延到的卫生间躲避，大火很快就使人们丧失逃生能力，结果，王某在大火中遇难，冯某死里逃生。王某本应该在大火面前躲避火灾，但他偏向火区奔跑，结果被焚身亡。

5. 心存侥幸，抢运财物。在火灾突然降临时，一个没有受过消防知识教育的人比受过消防知识教育的人危险性更大。受过消防教育的人，遇火灾一般把逃生放在首位；而在农村特别是边远山区没有受过消防教育的人，往往更难克服贪财爱物之心，失火后首先考虑抢东西的就比较多，造成一些本可避免的伤亡。如 2003 年 3 月 31 日晚，湖北省十堰市一居民楼发生火灾，一小学二年级的小女孩熟睡中被惊醒后，在家中无大人的情况下，应用所学的消防知识冒着浓烟带着两岁的弟弟从火中逃生。而浙江省泰顺县一个村子发生火灾时，一幢楼房起火，距离火场 5 米处的一座住房也受到大火的威胁。在这座住房里的妇女不去抱小孩却去拿鸟笼，拿着鸟笼又满屋跑；老人不抢棉被抢稻草；做手艺的抓起几片做床的棕片往外跑，乱作一团，在起火的楼房内，人们争先恐后地抢东西而置生命不顾。

6.沉着冷静，应付火灾。具有一定的消防常识或经历过火灾，有成熟的思考或制定过火灾逃生计划、经历过火场逃生训练，能对初期火灾做出正确的处理，顺利的到达安全地带，积极主动地等候和配合救援工作，并能带领其他人疏散。如1993年4月17日，哈尔滨市道里区发生一场特大火灾。大火吞噬了五条街，烧死烧伤几十人，其中一受灾户，全家五口全部丧生。但是住在六楼的几户居民在整幢大楼烈火熊熊的情况下，却奇迹般地生存下来，连家具都保存下来了，原来当大火袭来已无法从火海中冲出去的时候，这几户居民没有惊慌失措，而是立即行动起来，先把阳台上堆放的木架和杂物扔掉，同时往阳台上泼水。接着，他们紧闭门窗，将家中的被褥、毯子、棉衣裤等用水浸湿，蒙在门窗上，并不断往地上、床上和屋内所有可燃物上泼水，始终没有让烈焰烧进屋内，尽管整座大楼烈火熊熊，烧成了空壳，但这几户人家都幸存下来了，半夜的时候，火势减弱，他们开门打开手电筒向外发出求救信号，最后被消防战士发现并得救。

要在火灾中具备良好的心理素质和行为反应并不难。除了平时要加强心理承受能力培养和养成逻辑思维的习惯外，还需要学习一定的消防基础知识。

6.1.2 火灾时人们逃生的错误行为有哪些?

建筑中一旦发生火灾，建筑中的人应沉着冷静采取正确的逃生方法迅速撤离火场，千万不要因为突如其来的灾害而惊慌失措，更不能采取错误的逃生行为而贻误逃生时机。火场逃生

151

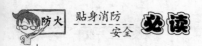
中的常见错误行为有以下几种：

1. 不加判断，原路脱逃。这是人们最常见的火灾逃生行为模式。因为大多数建筑物内部的平面布置、道路出口一般不为人们所熟悉，一旦发生火灾时，人们总是习惯沿着进来的出入口和楼道进行逃生，当发现此路被封死或因停电、充满烟雾等原因而不能逃生时，才被迫去寻找其他出口。殊不知，此时已失去最佳逃生时间。因此，当我们进入一个新的场所时，一定要对周围的环境和出入口进行必要的了解与熟悉。多想万一，以备不测。

152

2. 惊慌失措，乱窜乱跳。有的人遇到突如其来的火灾，不能冷静应付，寻找逃生路径，而是惊慌失措不采取任何个人防护措施地到处乱窜，以至于误入死胡同或危险地带。或者为了解除心理上的孤独和恐惧，盲目的随大流和人们挤做一团导致互相践踏无法逃生。

3. 横冲直撞，烟气中毒。火灾中被烧死的人，大多是先被浓烟窒息昏迷，尔后被大火吞噬的。所以，在有烟雾的场所不能直立狂跑，因为 1.5 米以上的空气里，早已含有大量一氧化碳及其他有毒烟气。所以应先用湿毛巾捂住口、鼻，半蹲或匍匐前进，呼吸应小而浅，尽量呼吸残留地面的尚未污染的新鲜空气，赢得宝贵的获救时间。如直立身体乱跑乱冲，将会吸入更多的有毒烟气，加速烟气中毒死亡的进程。

4. 抢救财物，贻误时机。当被困在燃烧范围还不大的楼梯间或房间时，要果断、快速淋湿全身，头顶湿麻袋或湿棉絮从火海中冲出，不可忙于去抢东西而贻误脱险时间，水火无情，火灾能给我们的逃生时间是很有限的。

5. 恐惧害怕，冒险跳楼。人们在开始发现火灾时，会立即作出第一反应。这时的反应大多还是比较理智的分析与判断。但是，当选择的逃生之路被大火封死无法逃生时，尤其是当火势愈来愈大，烟雾愈来愈浓时，人们就更容易失去理智。此时的人们也不要盲目跳楼、跳窗等，而应另谋生路，万万不可盲目采取冒险行为，以避免未入火海而摔下地狱。

6. 高楼火灾，乘坐电梯。高楼建筑发生火灾，很多疏散人员会不假思索地冲向电梯，但如果注意观察的话，会发现很多电梯门前都写着"万一火灾，勿乘电梯"的警示。火灾时不能乘电梯疏散这个道理很简单，其一，发生火灾后，往往容易断电而造成电梯"卡壳"，给救援工作增加难度；其二，电梯口直通大楼各层，火场上烟气涌入电梯井极易形成"烟囱效应"，人在电梯里随时会被浓烟毒气熏呛而窒息；其三，普通电梯没有防火防水防高温设计，火灾时即使不断电，也很可能因电路故障而无法疏散。1970 年 12 月 4 日，美国纽约市 47 层的地毯贸易大厦发生火灾。着火后，住在楼上的客人接到火警信号后，一部分沿着防烟楼梯间跑下楼安全逃生，一部分逃入避难层脱险，惟有 3 个人搭乘电梯下楼。不料，电梯运行到第 5 层时，因为受到高温火焰的影响自动停电，这 3 名乘客便被烧死在着火楼层的电梯间里。在美国也曾发生过消防队员乘坐普通电梯去 22 层火场，因电梯失控，结果所有在场的消防队员全部丧生的事故。

总之，被火灾围困的人员或灭火人员，要抓住有利时机，就近利用一切可利用的工具、物品，想方设法迅速撤离火灾危险区。一个人的正确行为，能够带动更多人的跟随，就会避免一大批人的伤亡。千万不要因抢救个人贵重物品、钱财、存折而贻误逃生良机。这里需要强调的是，如果逃生的通道均被堵

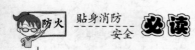

死时，在无任何安全保障的情况下，不要急于采取过急的行为，而要注意保护自己，等待救援人员开辟通道或采取措施，逃离火灾危险区。

6.1.3 火场自救方法有哪些?

火灾发生时，当大火威胁着在场人员生命安全的情况下，保存生命，迅速逃离危险成为人的第一需要。火场上怎样才能迅速逃离危险区域，自救是常用的逃生方法，在实施自救行动之前，一定要强制自己保持头脑冷静，根据周围环境和各种自然条件，选择自救的方式。

1. 熟悉所处环境

了解和熟悉我们经常或临时所处建筑物的消防安全环境是十分必要的。对于我们经常工作或居住的建筑物，事先可制定较为详细的逃生计划，以及进行必要的逃生训练和演练。如确定逃生的出口，可选择门窗、阳台、室外楼梯、安全出口、楼梯等作为在火灾时逃生的通道，明确每一条逃生路线及逃生后的集合地点等。对确定的逃生出口、路线和方法，要让家庭和单位所有成员都熟知和掌握，必要时可把确定的逃生出口和路线绘制在图上，并贴在明显的位置上，以便平时大家熟悉，一旦发生火灾，按图上的逃生方法、路线和出口顺利逃出危险地区。

当我们出差、旅游住进宾馆、饭店以及外出购物走进商场或到影剧院、歌舞厅等不熟悉的环境时，应留心看一看太平门、安全出口的位置以及灭火器、消火栓、报警按钮的位置，以便遇到火警时能及时逃生或进行初期火灾灭火，并在被围困的情况下及时向外面报警求救。这种对所处环境的熟悉是非常必要的，只有养成这样的好习惯，才能有备无患、处险不惊。

2. 立即离开危险地区

一旦在火场上发现或意识到自己可能被烟火围困，生命受到威胁时，要立即放下手中的工作，争分夺秒，设法脱险，切不可延误逃生良机。脱险时，应尽量仔细观察，判明火势情况，明确自己所处环境及危险程度，以便采取相应的逃生措施和方法。

3. 选择简便、安全的通道和疏散设施

逃生路线的选择，应根据火势情况，优先选择最简便、最安全的通道和疏散设施。如楼房着火时，首先选择安全疏散楼梯、室外疏散楼梯、普通楼梯等。尤其是防烟楼梯、室外疏散楼梯，更安全可靠，在火灾逃生时，应充分利用。

如果以上通道被烟火封锁，又无其他器材救生时，可考虑利用建筑的阳台、窗口、屋顶、落水管等脱险。但应注意查看落水管是否牢固，防止人体攀附上以后断裂脱落造成伤亡。

4. 准备简易防护器材

逃生人员多数要经过充满烟雾的路线，才能离开危险区域。如果浓烟呛得人透不过气来，可用湿毛巾捂住口鼻，无水时干毛巾也可以。实践和实验都已证明湿毛巾和干毛巾除烟效果都较好。使用毛巾捂住口鼻时，一定要使过滤烟的面积增大，将口鼻捂严。在穿过烟雾区时，即使感到呼吸困难，也不能将毛巾从口鼻上拿开，因为拿开时，就有立即中毒的危险。烟雾弥漫中，一般离地面30公分仍有残存空气可以利用，可采低姿势逃生，爬行时将手心、手肘、膝盖紧靠地面，并延墙壁边缘逃生，以免错失方向。于无浓烟的地方，可将透明塑料袋充满空气套住头，以避免吸入有毒烟雾或气体。

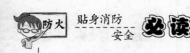

如果门窗、通道、楼梯等已被烟火封锁，可向头部、身上浇些冷水或用湿毛巾等将头部包好，用湿棉被、湿毯子将身体裹好，再冲出危险区。当衣物着火时，最好脱下或就地卧倒，用手覆盖住脸部并翻滚压熄火焰，或跳入就近的水池，将火熄灭。

火场逃生过程中，要一路关闭所有身后的门，它能减低火和浓烟的蔓延速度。

5. 自制简易救生绳索，切勿跳楼

当各通道全部被烟火封死时，应保持镇静。可利用各种结实的绳索，如无绳索可用被褥、衣服、床单，或结实的窗帘布等物撕成条，拧好成绳。拴在牢固的窗框、床架或其他室内的牢固物体上，然后沿绳缓慢下滑到地面或下层的楼层内而顺利逃生。如果被烟火困在二层楼内，在没有救生器材逃生或得不到救助而万不得已的情况下，有些人也可以跳楼逃生。但跳楼之前，应先向地面扔一些棉被、床垫等柔软物品，然后用手扒住窗台或阳台，身体下垂，自然下落。这样可以缩短距离，使双脚首先落在事先抛下的柔软物体上，更好地保护人身安全。

如果被火围困于三层以上楼层内，那就千万不要急于往下跳，因距离很高，往下跳时容易摔成重伤或死亡。

6. 创造避难场所

在各种通道被切断，火势较大，一时又无人救援的情况下，对于没有避难间的建筑物，被困人员都应开辟避难场所与浓烟烈火搏斗。当被困在房间里时，应关紧迎火的门窗，打开背火的门窗，但不能打碎玻璃，要是窗外有烟进来时，还要关上窗子。如门窗缝隙或其他孔洞有烟进来时，应该用湿毛巾、湿床单湿棉被等难燃或不燃的物品封堵，并不断向物品上和门

窗上洒水，最后向地面洒水，并淋湿房间的一切可燃物。要运用一切手段和措施与火搏斗，直到消防队员到来，救助脱险。

避难间及避难场所是为救生而开辟的临时性避难的地方。因火场情况不断发展，避难场所也不会永远绝对安全。所以不要在有可能疏散的条件下不疏散而创造避难间避难，而失去逃生的机会。

避难间要选择在有水源和能同外界联系的房间。一方面有水源能进行降温、灭火、消烟以利避难人员生存，同时又能与外界联系及时获救，如房间有电话应及时报警。如无电话，可用挥舞衣物、呼叫等方式向窗外发出求救信号，等待救援。夜间要打开电灯、手电筒等向外报警。

157

6.1.4 火场逃生要注意什么？

每次火灾都有各自不同的特点，下面仅就一般的火灾事故中的注意事项作一些介绍：

1. 火场逃生要迅速，动作越快越好，切不要为穿衣或寻找贵重物品而延误时间，要树立"时间就是生命，逃生第一"的思想。

2. 逃生时要注意随手关闭通道上的门窗，以阻止和延缓烟雾向逃离的通道蔓延。通过浓烟区时要尽可能以最低姿势或匍匐姿势快速前进，并用湿毛巾捂住口鼻。不要向狭窄的角落退避，如床下、墙角、大衣柜里等。

3. 如果身上衣服着火，应迅速将衣服脱下或就地翻滚，将火扑灭。但应注意不要滚动过快，更不要身穿着火衣服乱跑，如附近有水池、池塘等，可迅速跳入水中。如人体已被烧伤时，应注意不要跳入污水中，以防感染。

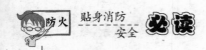

4. 火场上不要轻易乘坐普通电梯。这个道理很简单：其一，发生火灾后，往往容易断电而造成电梯中途停止，给救援工作增加难度；其二，电梯口通向大楼各层，火场上烟气涌入电梯通道极易形成烟囱效应，人在电梯里随时会被浓烟毒气熏呛而窒息。

5. 当所处的环境突然发生火灾时，一定要保持镇定，切不可惊慌失措，乱作一团，盲目地起身逃跑或纵身跳楼。要了解自己所处的环境位置，及时地掌握当时火势的大小和蔓延方向，然后根据情况选择逃生方法和逃生路线。

158

6. 不要盲目呼喊。由于现代建筑物室内使用了大量的木材、塑料、化学纤维等易燃可燃材料装修，且装修材料表面常用漆类粉刷，燃烧时会散发出大量的烟雾和有毒气体，容易造成毒气窒息死亡。所以，在逃生时，可用湿毛巾折叠，捂住鼻口，屏住呼吸，起到过滤烟雾的作用，不到紧急时刻不要大声呼叫或移开毛巾，且须采取匍匐式前进逃离方式（贴近地面的空气中一般多氧气少烟雾）。

7. 火场上千万不可随意奔跑，否则不仅容易引火烧身，而且还会引起新的燃烧点，造成火势蔓延。如果身上着火应及时脱去衣服或就地打滚进行灭火，也可向身上浇水，用湿棉被，湿衣物等把身上的火包起来，使火熄灭。

8. 应从高处向低处逃生，逃生时应从高楼层处向低楼处逃生，因为火势是向上燃烧的，火焰会自下而上地烧到楼顶。经过装修的楼层火灾向上的蔓延速度一般比人向上逃生的速度还快，当人还未到达楼顶时，火势已发展到了前面，因此产生的火焰会始终围绕。如不得已可就近逃到楼顶，要站在楼顶的上风方向。

9. 不要轻易跳楼。如果火灾突破避难间，在根本无法避难的情况下，也不要轻易做出跳楼的决定，此时可扒住阳台或窗台翻出窗外，以求绝处逢生。

6.1.5　火灾发生后如何正确报警？

发生火灾时，在场人员应在立即进行扑救的同时，还要及时报警，以便消防队、本单位(地区)专职和义务消防人员及周围群众前来参加扑救，并迅速组织老、弱、病、残等人员及时做好疏散准备。

1. 报警对象

火灾报警与其他交通事故、匪警等报警相比，有其相同的地方，也有不同的地方。一般报警指发生事故后，向公安机关、上级领导和单位保卫部门报警，希望能够得到处理。火灾发生时，除了及时向"119"火警台报警外，还要向火场周围的群众报警，其目的是号召年轻力壮和有能力的人赶快来火场参加扑救，老人、妇女和儿童要尽早逃离火场。火场上，最能体现出"时间就是生命"这句话的意义。火灾发生时，早一分钟，哪怕是早一秒钟报警，对扑灭初起火灾或者是让人们迅速逃离火场都是十分有利的。

（1）向"119"火警台报警。火警电话为"119"，一般直接拨打即可。报告火警时，为了使消防队能够迅速到达火场，应讲清起火单位的名称、地址、燃烧物性质、有无被困人员、有无爆炸和毒气泄漏、火势情况、报警人的姓名、电话号码等，并说出起火部位及附近有无明显的标志，然后派人到路口迎候消防车。在报警过程中，任何单位、个人都应当无偿为报警提供方便，或提供电话或代为打电话报警，不得以种种借口

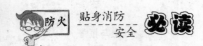

和理由阻拦报警或贻误报警时间。根据电信部门的规定，拨打火警电话不得收取任何费用。

（2）向本单位的人员及旅客和顾客报警。如果火情发生在宾馆、饭店、商场或者其他公共娱乐场所，火灾的发生直接威胁着人员的生命安全，着火时应及时向他们发出警报，以便他们尽快疏散。

（3）向周围群众和邻居报警。一方有难，八方支援，是我国人民的传统美德，在以往发生的一些火灾中，见义勇为的人物经常可以见到。在火灾的初期阶段，当火警的信号发出时，在场的人都会有一个共同的愿望，赶快把火扑灭。

160

（4）向本单位（地区）专职、义务消防队报警。很多单位有专职消防队员，并配置了消防车等灭火设备。这些单位一旦有火情发生，要尽快向他们报警，以便争取时间投入灭火战斗。

（5）向单位领导报警。领导是单位的权威人士，比普通群众更有号召力，单位领导得知有火情发生时，可以直接组织、指挥本单位人员参加火场扑救，或者是有组织地进行疏散。

2. 报警方法

装有自动报警系统的单位在火灾发生时会自动报警。没有安装自动报警系统的单位，在火灾发生时，可以根据条件分别采取下列方法报警：

（1）有手动报警设施的单位应使用手动报警系统报警；

（2）使用电话报警，拨"119"向公安消防机构报警，向单位领导报警，向消防保卫部门报警；

（3）使用本单位的警铃、汽笛或其他平时约定的报警手段

报警，没有安装警铃、汽笛的单位，可以利用上、下班钟声向
本单位的职工报警；

（4）使用有线广播，利用高音喇叭迅速通知本单位人员，
单位内的某某地方发生了火灾；

（5）离消防队较近的可直接派人去消防队报警；

（6）农村在没有任何报警设施的情况下，可使用古老而又
最简单的方法敲锣、鼓、盆等方法报警；

（7）大声呼喊，在没有准备什么东西也来不及报警的情况
下，可利用喊叫来通知周边的群众。

总之，要因地制宜，采取各种方法迅速将发生火灾的情况
报告消防部门和本单位人员，即使在场人员认为有能力将火扑
灭，仍应向消防部门报警，以防备不测。

6.1.6 家庭中应该常备哪些火灾急救用品？

在通常情况下，引起家庭火灾的原因，不外乎以下几种情
况：电气线路老化，使用燃气不慎，小孩玩火，使用明火未及
时熄灭等。那么，怎样才能做到在火魔的威胁下从容不迫，扑
灭初期火灾，减少财产损失和保住生命呢？家庭不妨配备以下
几样东西，即一只小型家用灭火器、一根绳子、一只手电筒和
几具简易的防烟面罩。

1. 任何火灾，起初总是星星之火，如果在火灾初期阶段，
使用家庭早已备有的灭火器对准着火点进行喷射，很显然，不
费吹灰之力就能及时将火扑灭。

2. 如果大火来势凶猛，家用灭火器根本解决不了问题，
此时首先应考虑逃生。住在一、二楼的居民千万不要惊慌，应
按平时出入的通道迅速逃离火灾现场。如果你住在三楼以上，

楼梯的通道被堵塞或者木制楼梯被烧坏，在这种情况下，家中如备有一根又长又粗的绳子，可将其系在窗框或大橱腿上，沿着绳子从窗外缓慢滑下，就能顺利逃生。

3. 火灾发生后，电线被烧断，失去了照明，加之烟雾的遮挡，室内往往漆黑一片，尤其是夜间起火更是如此。人在这种情况下很难辨别方向，欲逃生变得难上加难，此时如有一只电筒帮助照明，尚可找到一条逃生路。

4. 研究表明，烟雾中含有氢氰酸、丙烯醛、一氧化碳等有害气体，许多丧生者大都被毒烟熏死。此外，微粒碳也是烟雾中的杀手之一，防止微粒碳的伤害乃是当务之急。然而，家庭如果备有一些简易的防毒防烟口罩，在危急关头，戴上防毒口罩，就能有效地抵御有毒烟雾的侵袭而死里逃生。如果没有口罩，毛巾也是可以应付突发情况的，尤其是浸水后使用效果更佳。如果平时花点钱备足以上四样东西，并放在家人比较熟悉且随手可取之处，在危急关头定能帮上大忙。

6.1.7　火场逃生中毛巾有何妙用？

一块普通的毛巾，在火场逃生中的作用可谓多多。

1. 它是"空气呼吸器"：湿毛巾在火场中过滤烟雾的效果极佳。含水量在自重3倍以下的普通湿毛巾，如折叠8层，烟雾消除率可达60%；如折叠16层，则可达90%以上。

2. 它是"简易灭火器"：液化气钢瓶口、胶管、灶具或煤气管道失控泄漏起火，可将湿毛巾盖住起火部位，然后关闭阀门，即可化险为夷；如遇小面积失火时，用湿毛巾覆盖火苗，便可窒息灭火。

3. 它是"密封条"：当火场中无路可逃时，如有避难房间可躲避烟雾威胁，为防止高温烟火从门窗缝或其他孔洞进入房间，可用湿毛巾或床单等物堵塞缝隙或孔洞，并不断向迎烟火的门窗及遮挡物洒水降温，以延长门窗被烧穿的时间。

4. 它是"救助信号"：被困在火场中的人员在窗口挥动颜色鲜艳的毛巾，可引起救援人员的注意。

5. 它是"保护层"：在火场中搬运灼热的液化气钢瓶等物体时，为避免烫伤，可垫上一条湿毛巾再搬运；结绳自救时，为防止下滑过程中绳索摩擦发热灼伤手掌，在手掌上缠一条湿毛巾便可安然无恙。

6.1.8　火场逃生四字口诀

为方便记忆，笔者根据多年工作经验，总结出了火场逃生的四字口诀：

> 逃生预演，临危不乱；
>
> 熟悉环境，暗记出口；
>
> 通道出口，畅通无阻；
>
> 扑灭小火，惠及他人；
>
> 保持镇静，迅速撤离；
>
> 不入险地，不贪财物；
>
> 简易防护，蒙鼻匍匐；
>
> 善用通道，莫入电梯；
>
> 缓降逃生，滑绳自救；
>
> 避难场所，固守待援；
>
> 缓晃轻抛，寻求援助；
>
> 火已及身，切勿惊跑；
>
> 跳楼有术，虽损求生。

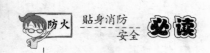

6.2 典型火场的自救逃生

6.2.1 汽车等交通工具失火怎么办?

首先,一定要在车内配备灭火器。汽车一旦失火,驾驶员应快速使用灭火器扑灭火苗,这是降低损失的重要一环。第二,正确使用车载灭火器十分关键。应配备适合汽车防护的灭火器,并根据车辆的大小配备相应的灭火器。普通小汽车应至少配备一个中型灭火器,而大型的客车、货车则应该多配备几个大型灭火器。第三,失火时,驾驶员能否保持冷静的头脑,是避免或减少险情的重要条件。司机应马上停车熄火切断油源,关闭油箱开关,并立即离开车厢。如果车厢门无法打开,可以从挡风玻璃处逃离。

1. 汽车火灾逃生方法

(1)平时正确配备与使用车载灭火器。

(2)当汽车发动机发生火灾时,驾驶员应迅速停车,让乘车人员打开车门下车,然后切断电源,取下随车灭火器,对准着火部位的火焰正面猛喷,扑灭火源。

(3)当汽车在修理中发生火灾时,修理人员应迅速上车或钻出地沟,切断电源,用灭火器或其他灭火器材扑灭火源。

(4)当汽车被撞坏后发生火灾时,由于撞坏车辆零部件损坏,乘车人员伤亡比较严重,首要任务是设法救人。如果车门没有损坏,应打开车门让乘车人员逃出,如果车门损坏,乘车人员应破窗而出,以上两种方法也可同时进行。

(5)当公共汽车发生火灾时,由于车上人多,要特别冷静果断，首先应考虑到救人和报警，视着火的具体部位而确定逃生和扑救方法。如着火的部位在公共汽车的发动机，驾驶员应开启所有车门，令乘客从车门下车，再组织扑救火灾。如果着火部位在汽车中间，驾驶员开启车门后，乘客应从两头车门下车，驾驶员和乘车人员再扑救火灾、控制火势。如果车上线路被烧坏，车门开启不了，乘客可从就近的窗户下车。

（6）当驾驶员和乘车人员衣服被火烧着时，千万不要奔跑。如时间允许，可以迅速脱下，用脚将火踩灭；如果来不及，可就地打滚或由其他人员帮助用衣物覆盖火苗以窒息灭火。

165

2. 火车火灾逃生方法

（1）当起火车厢内的火势不大时，不要开启车厢门窗，以免大量的新鲜空气进入后，加速火势的扩大蔓延，同时应利用列车上灭火器材扑救火灾或从车厢的前后门疏散到相邻的车厢。

（2）当车厢内浓烟弥漫时，被困人员要采取低姿行走的方式逃离到车厢外或相邻的车厢。

（3）当车厢内的火势较大时，应尽量破窗逃生。在发生火灾时，被困人员可用坚硬的物品将窗户的玻璃砸破，通过窗户逃离火灾现场。

3. 客船火灾逃生方法

（1）当客船在航行时机舱起火，机舱人员可利用尾舱通向上甲板的出入孔逃生。船上工作人员应引导船上乘客向客船的前部、尾部和露天板疏散，必要时可利用救生绳、救生梯向水中或来救援的船只上逃生。情况紧急时也可跳入水中。

（2）当客船上某一客舱着火时，舱内人员在逃生后应随手将舱门关上，以防火势蔓延，并提醒相邻客舱的旅客赶快疏散。若火势已窜出房间但未封住内走道时，相邻房间的旅客应赶快疏散。若火势已窜出并封住内走道时，相邻房间的旅客应关闭靠内走道房门，从通向左右船舱的舱门逃生。

（3）当船上大火将露天的梯道封锁致使着火层以上楼层的人员无法向下疏散时，被困人员可以疏散到顶层，然后向下施放绳缆，沿绳缆向下逃生。

4. 地铁火灾逃生方法

地铁列车一旦着火，地铁自身的防灾系统和控制指挥系统对于人员逃生、疏散起着至关重要的作用。此外，个人是否具有消防安全意识和逃生自救知识也非常重要。

地铁火灾逃生方法如下：

（1）熟悉站台环境。

（2）火起迅速报警，车厢内发生火灾时，乘客可直接拨打"119"、"110"、"120"电话报警，也可以按报警按钮，通知列车司机，司机可就近站停车，并告诉调度，准备人员疏散。

（3）扑灭初期火灾，如果发现火势并不大，且尚未对人造成很大威胁时，可用车厢内的消防器材，奋力将小火控制、扑灭。

（4）司机应尽快打开车门疏散人员，若车门开启不了，乘客可利用身边的物品破门。

（5）疏散时切忌慌乱，应远离电轨，防止触电。

6.2.2　在公共场所遇到火灾怎么办?

商场、影剧院、歌舞厅等人员聚集场所，它们的一个共同特点是人员密集、流动性大。一旦发生火灾，往往会造成群死群伤事故。火灾初期的火场常常是由于浓烟阻挡了视线，使受害者晕头转向；缺氧，使受害者呼吸困难，反应迟钝；热气流和高温使受害者无所适从，感到大难临头，惊慌失措，争相逃命，互相拥挤践踏。如果处在这样的困境中，应该如何正确逃生呢？

1. 影剧院火灾的逃生方法

（1）选择安全出口逃生。影剧院里，都设有消防疏散通道，并装有门灯，壁灯、脚灯等应急照明设备，用红底白字标有"大平门"、"出口处"或"非常出口"、"紧急出口"等指示标志。发生火灾后，观众应按照这些应急照明指示设施所指引的方向，迅速选择人流量较小的疏散通道撤离。

（2）当舞台发生火灾时，火灾蔓延的主要方向是观众厅。厅内不能及时疏散的人员，要尽量靠近放映厅的一端掌握时机逃生。

（3）当观众厅发生火灾时，火灾蔓延的主要方向是舞台，其次是放映厅。逃生人员可利用舞台、放映厅和观众厅的各个出口迅速疏散。

（4）当放映厅发生火灾时，由于火势对观众厅的威胁不大，逃生人员可以利用舞台和观众厅的各个出口进行疏散。

（5）发生火灾时楼上的观众，可从疏散门由楼梯向外疏散，楼梯如果被烟雾阻隔，在火势不大时，可以从火中冲出去，虽然人可能会受点伤，但可避免生命危险。此外，还可就地取材，利用窗帘布等自制救生器材，开辟疏散通道。

2. 商场（集贸市场）火灾的逃生方法

（1）利用疏散通道逃生

每个商场都按规定设有室内楼梯、室外楼梯，有的还设有

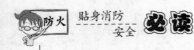

自动扶梯、消防电梯等，发生火灾后尤其是在初期火灾阶段，这都是逃生的良好通道。在下楼梯时应抓住扶手，以免被人群撞倒。不要乘坐普通电梯逃生，因为发生火灾时，停电也时有发生，无法保证电梯的正常运行。

（2）自制器材逃生

商场（集贸市场）是物质高度集中的场所，商品种类繁多，发生火灾后，可利用逃生的物品是比较多的，如毛巾、口罩浸湿后可制成防烟工具捂住口、鼻，利用绳索、布匹、床单、地毯、窗帘用来开辟逃生通道，如果商场（集贸市场）还经营五金等商品，还可以利用各种机用皮带、消防水带、电缆线来开辟逃生通道。穿戴商场（集贸市场）经营的各种劳动保护用品，如安全帽、摩托车头盔、工作服等可以避免烧伤和坠落物质的砸伤。

（3）利用建筑物逃生

发生火灾时，如上述两种方法部无法逃生，可利用落水管、房屋内外的突出部分和各种门、窗以及建筑物的避雷网（线）进行逃生，或转移到安全区域再寻找机会逃生，利用这种逃生方法时，要大胆又要细心，特别是老、弱、病、妇、幼等人员，切不可盲目行事，否则容易发生伤亡。

（4）寻找避难处所

在无路可逃的情况下应积极寻找避难处所。如到室外阳台、楼房平顶等待救援；选择火势、烟雾难以蔓延的房间关好门窗，堵塞间隙，房间如有水源，要立刻将门、窗和各种可燃物浇湿，以阻止或减缓火势和烟雾的蔓延时间。无论白天或晚上，被困者都应大声呼救，不断发出各种呼救信号，以引起救援人员的注意，帮助自己脱离困境。

168

3. 歌舞厅、卡拉OK厅火灾的逃生方法

（1）逃生时必须冷静

由于歌舞厅、卡拉OK厅一般都在晚上营业，并且进出顾客随意性大、密度很高，加上灯光暗淡，失火时容易造成人员拥挤，在混乱中发生挤伤踩伤事故。因此，只有保持清醒的头脑，明辨安全出口方向和采取一些紧急避难措施，才能掌握主动，减少人员伤亡。

（2）积极寻找多种逃生方法

在发生火灾时，首先应该想到通过安全出口迅速逃生。特别要提醒的是：由于大多数舞厅一般只有一个安全出口，在逃生的过程中，一旦人们蜂涌而出，极易造成安全出口的堵塞，使人员无法顺利通过而滞留火场，这时就应该克服盲目从众心理，果断放弃从安全出口逃生的想法，选择破窗而出的逃生措施，对设在楼层底层的歌舞厅、卡拉OK厅可直接从窗口跳出。对于设在二层至三层的歌舞厅、卡拉OK厅，可用手抓住窗台往下滑，以尽量缩小高度，且让双脚先着地。设在高层楼房中的歌舞厅，卡拉OK厅发生火灾时，首先应选择疏散通道和疏散楼梯、屋顶和阳台逃生。一旦上述逃生之路被火焰和浓烟封住时，应该选择落水管道和窗户进行逃生。通过窗户逃生时，必须用窗帘或地毯等卷成长条，制成安全绳，用于滑绳自救，绝对不能急于跳楼，以免发生不必要的伤亡。

（3）寻找避难场所

设在高层建筑中的歌舞厅、卡拉OK厅发生火灾，且逃生通道被大火和浓烟堵截，又一时找不到辅助救生设施时，被困人员只有暂时逃向火势较轻的地方，向窗外发出求援信号，等待消防人员营救。

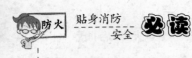
（4）互相救助逃生

在歌舞厅、卡拉 OK 厅进行娱乐活动的青年人比较多，身体素质好，可以互相救助脱离火场，或帮助长者逃生。

（5）在逃生过程中要防止中毒

由于歌舞厅、卡拉 OK 厅四壁和顶部有大量的塑料、纤维等装饰物，一旦发生火灾，将会产生有毒气体。因此，在逃生过程中，应尽量避免大声呼喊，防止烟雾进入口腔。应采取用水打湿衣服捂住口腔和鼻孔，一时找不到水时，可用饮料来打湿衣服代替，并采用低姿行走或匍匐爬行，以减少烟气对人体的伤害。

6.2.3　被困电梯如何自救？

电梯给生活在城市的人们带来了不少的方便，但如果电梯坏了，受困者需掌握以下自救方法，确保安全，获得救援。

1. 保持镇定，并且安慰困在一起的人，向大家解释不会有危险，电梯不会掉下电梯槽。电梯槽有防坠安全装置，会牢牢夹住电梯两旁的钢轨，安全装置也不会失灵。

2. 利用警钟或对讲机、手机求援，如无警钟或对讲机，手机又失灵时，可拍门叫喊，如怕手痛，可脱下鞋子敲打，请求立刻找人来营救。

3. 如不能立刻找到电梯技工，可请外面的人打电话叫消防员。消防员通常会把电梯绞上或绞下到最接近的一层楼，然后打开门。就算停电，消防员也能用手动器，把电梯绞上绞下。

4. 如果外面没有受过训练的救援人员在场，不要自行爬出电梯。

5. 千万不要尝试强行推开电梯内门，即使能打开，也未必够得着外门，想要打开外门安全脱身当然更不行。电梯外壁的油垢还可能使人滑倒。

6. 电梯天花板若有急出口，也不要爬出去。出口板一旦打开，安全开关就使电梯煞住不动。但如果出口板意外关上，电梯就可能突然开动令人失去平衡，在漆黑的电梯槽里，可能被电梯的缆索绊倒，或因踩到油垢而滑倒，从电梯顶上掉下去。

7. 在深夜或周末下午被困在商业大厦的电梯，就有可能几小时甚至几天也没有人走近电梯。在这种情况下，最安全的做法是保持镇定，伺机求援。最好能忍受饥渴、闷热之苦，保住性命，注意倾听外面的动静，如有行人经过，设法引起他的注意。如果不行，就等到上班时间再拍门呼救。

6.2.4 单元住宅发生火灾中如何逃生？

1. 利用门窗逃生

大多数人在火场受困都采用这个办法。利用门窗逃生的前提条件是火势不大，还没有蔓延到整个单元住宅，同时，是在受困者较熟悉燃烧区内通道的情况下进行的。具体方法为：把被子、毛毯或褥子用水淋湿裹住身体，低身冲出受困区。或者将绳索一端系于窗户中横框（或室内其他固定构件上，无绳索，可用床单和窗帘撕成布条代替），另一端系于小孩或老人的两腋和腹部，将其沿窗放至地面或下层窗口，然后破窗入室从通道疏散，其他人可沿绳索滑下。

2. 利用阳台逃生

在火场中由于火势较大无法利用门窗逃生时，可利用阳台

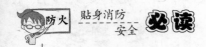

逃生。高层单元住宅建筑从第七层开始每层相邻单元的阳台相互连通，在此类楼层中受困，可拆破阳台间的分隔物，从阳台进入另一单元，再进入疏散通道逃生。

建筑中无连通阳台而阳台相距较近时，可将室内的床板或门板置于阳台之间搭桥通过。

如果楼道走廊已为浓烟所充满无法通过时，可紧闭与阳台相通的门窗，站在阳台上避难。

3. 利用空间逃生

在室内空间较大而火灾占地不大时可利用这个方法。其具体做法是：将室内（卫生间、厨房都可以，室内有水源最佳）的可燃物清除干净，同时清除与此室相连室内的部分可燃物，清除明火对门窗的威胁，然后紧闭与燃烧区相通的门窗，防止烟和有毒气体的进入，等待火势熄灭或消防部队的救援。

4. 利用时间差逃生

在火势封闭了通道时，可利用时间差逃生。由于一般单元式住宅楼为一、二级防火建筑，耐火极限为 2.5～2 小时，只要不是建筑整体受火势的威胁，局部火势一般很难致使住房倒塌。利用时间差的具体逃生方法是：人员先疏散至离火势最远的房间内，在室内准备被子、毛毯等，将其淋湿，采取利用门窗逃生的方法，逃出起火房间。

5. 利用管道逃生

房间外墙壁上有落水或供水管道时，有能力的人，可以利用管道逃生。但这种方法一般不适用于妇女、老人和小孩。

6.2.5 家庭厨房着火如何自救?

随着人民生活水平的提高，城市家庭厨房普遍使用上了管道煤气、液化石油气，但由于在使用时忽视了安全，不可避免地会带来一些灾害，这时，在报警后可采取一些简单、切实可行的自救方法：

1. 断气灭火法：家庭厨房管道煤气和液化气一旦发生火灾，在没有引燃其他建筑物及厨房其他器具时，可迅速用手里的毛巾、腰里的围裙等物，盖住瓶及管道起火点，以防烧伤手臂，并立即关闭气阀，截断气路，然后再消除余火。

2. 灭火断气法：如果家庭厨房起火，初期火势不大，这时可用湿毛巾、湿围裙等，直接将火焰盖住，将火闷死，打开门窗，然后关闭气瓶的角阀，或寻找工具关闭难以关断的厨房煤气管道上的总阀门。

3. 综合灭火法：家庭厨房着火，如火势蔓延，进入卧室或引燃部分家具、衣物，但烟雾不大，人还能短时承受，应采取用水扑灭火焰，用被褥淋湿闷住火焰，或用湿衣物将整个钢瓶及煤气管道着火点全部闷死。如果有条件，或在邻居的协助下，尽快用灭火器、干粉灭火器材等设备进行灭火。

4. 隔、堵、转灭火法：一旦厨房着火，火势突然很大，对厨房易燃物要采取隔的灭火法——就是用不易燃烧的物质浸水，设置屏障，从中间隔开并不断喷水；堵——迅速堵住漏气点的火苗，以防蔓延扩大；转——在厨房充满浓烟，而且火势转大，视线不良的情况下，应边喷水，边寻找钢瓶，找到后先关闭瓶阀，熄灭火焰，将气瓶搬出转移，以防爆炸。

5. 封闭灭火法：厨房着火后，应想尽一切方法将液化石油气瓶转出来，以防爆炸。然后将门窗封闭，从孔洞向里喷水。如有蔓延成大火之趋势，立即向当地消防部门报警。

173

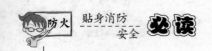

6.2.6　高层建筑发生火灾后怎样逃生？

高层建筑由于它的特殊结构，一旦发生火灾，与普通建筑物相比，危险性也就更大一些，如处置不当，往往会发生生命危险。所以，当你身处这种情况时，一定要保持冷静，不要惊慌。

1. 要迅速辨明是自己房间的上下左右哪个方位起火，然后再决定逃生路线，以免误入"火口"。

2. 如果发现门窗、通道、楼梯已被烟火封住，但还有可能冲出去的时候，可向头部和身上淋些水，或用湿毛巾、被单将头蒙住，用湿毛毯、棉被将身体裹好，冲出险区。

3. 如浓烟太大，人已不能直立行走，则可贴地面或墙根爬行，穿过险区。当楼梯已被烧塌，邻近通道被堵死时，可通过阳台或窗户进入另外的房间，从那里再迅速逃向室内专用消防电梯或室外消防楼梯。

4. 如果房门已被烈火封住，千万不要轻易开门，以免引火入室，要向门上多泼些水，以延长蔓延时间，伺时从窗户伸出一件衣服或大声呼叫，以引起救援人员注意。

5. 如楼的窗外有雨水管、流水管或避雷针线，可以利用这些攀援而下；也可用结实的绳索，（如一时找不到，可将被罩、床单、窗帘撕成条，拧成绳接好）一头拴在窗框或床架上，然后缓缓而下。若距地面太高，可下到无危险楼层时，用脚将所经过的窗户玻璃踢碎，进入后再从那里下楼。

6. 如所住房间距楼顶较近，亦可直奔楼顶平台或阳台，耐心等待救援人员到来，但无论遇到哪种情况，都不要直接下跳，因为那样只有死而无生的可能。

6.2.7　楼梯着火楼上的人如何脱险?

楼梯上着火,人们往往会惊慌失措。尤其是在楼上的人,更是急得不知如何是好。

1. 一旦发生这种火灾,要临危不惧,首先要稳定自己的情绪,保持清醒的头脑,如有电话,要迅速拨打"110"报警。如没有电话也要想办法就地灭火。如用水浇、用湿棉被覆盖等,如果不能马上扑灭,火势就会越烧越旺,人就有被火围困的危险,这时应该设法脱险。有时楼房内着火,楼梯未着火,但浓烟往往朝楼梯间灌,楼上的人容易产生错觉,认为楼梯已被切断,没有退路了,其实大多数情况下,楼梯并未着火,完全可以设法夺路而出。如果被烟呛得透不过气来,可用湿棉毛巾捂住嘴鼻,贴近楼板或干脆跑走。即使楼梯被火焰封住了,在别无出路时,也可用湿棉被等物作掩护及早迅速冲出去。如果楼梯确已被火烧断,似乎身临绝境,也应冷静地想一想,是否还有别的楼梯可走,是否可以从屋顶或阳台上转移,是否可以借用水管、竹竿或绳子等滑下来,可不可以进行逐级跳越而下等。只要多动脑筋,一般还是可以解救的。

2. 如果有小孩、老人、病人等被围困在楼上,更应及早抢救,如用被子、毛毯、棉袄等物包扎好。有绳子用绳子,没有绳子用撕裂的被单结起,沿绳子滑下,或掷于阳台、屋面上等,争取尽快脱险。

3. 呼救,也是一种主要的解救办法,被火围困的人没有办法出来,周围群众听到呼救,也会设法抢救,或报告消防来抢救。

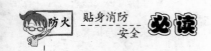
6.2.8　遭遇森林火灾的如何自救?

炎热夏日里，有很多朋友喜欢到各地的名山大川旅游避暑，掌握一定的森林火灾常识和技能对于保全生命财产安全是非常有必要和有益的，同时这对于提高当地的森林消防安全也有着积极的促进作用。在森林中一旦遭遇火灾，应当尽力保持镇静，就地取材，尽快作好自我防护，可以采取以下防护措施和逃生技能，以求安全迅速逃生:

176　　1. 在森林火灾中对人身造成的伤害主要来自高温、浓烟和一氧化碳，容易造成热烤中暑、烧伤、窒息或中毒，尤其是一氧化碳具有潜伏性，会降低人的精神敏锐性，中毒后不容易被察觉。因此，一旦发现自己身处森林着火区域，应当使用沾湿的毛巾遮住口鼻，附近有水的话最好把身上的衣服浸湿，这样就多了一层保护。然后要判明火势大小、火苗延烧的方向，应当逆风逃生，切不可顺风逃生。

2. 在森林中遭遇火灾一定要密切风向的变化，因为这说明了大火的蔓延方向，这也决定了你逃生的方向是否正确。实践表明现场刮起 5 级以上的大风，火灾就会失控。如果突然感觉到无风的时候更不能麻痹大意，这时往往意味着风向将会发生变化或者逆转，一旦逃避不及，容易造成伤亡。

3. 当烟尘袭来时，用湿毛巾或衣服捂住口鼻迅速躲避。躲避不及时，应选在附近没有可燃物的平地卧地避烟。切不可选择低洼地或坑、洞，因为低洼地和坑、洞容易沉积烟尘。

4. 如果被大火包围在半山腰时，要快速向山下跑，切忌往山上跑，通常火势向上蔓延的速度要比人跑的快的多，火会跑到你的前面。

5. 一旦大火扑来的时候，如果你处在下风向，要做决死的拼搏，果断地迎风对火突破包围圈。切忌顺风撤离。如果时间允许可以主动点火烧掉周围的可燃物，当烧出一片空地后，迅速进入空地卧倒避烟。

6. 顺利地脱离火灾现场之后，还要注意在灾害现场附近休息的时候要防止蚊虫或者蛇、野兽、毒蜂的侵袭。集体或者结伴出游的朋友应当相互查看一下大家是否都在，如果有掉队的应当及时向当地灭火救灾人员求援。

如果朋友们喜欢到大自然中去享受绿色，也不要忘了大自然也有发脾气的时候。掌握一定的自救常识和基本技能，会让你的旅程有惊无险。最后提醒大家乘车路经山区或林区的时候一定不要向车外扔烟头，一定要遵守禁止使用明火的要求。

趣味故事

1. 亚当·斯密焚书

英国著名政治经济学家亚当·斯密焚书非常讲究作家的"责任"。1790年临终时，他将好友们叫到跟前，要他们将自己出版的《富国论》的草稿和他认为没有公开发表价值的作品全部烧掉，朋友们说这是他的心血，不要烧毁它。他诚恳地说："我不希望没有经过时间验证的根据，留给他人，这对我来说，只能是一个经济学家的羞耻。"

2. 王安石焚书

宋代著名文学家王安石写作态度极其严谨，决不与人雷同。一次贡文拜访王安石，趁王安石吃饭的功夫，在书房里阅读了王安石的新作《兵论》，看后放回了原处。王安石饭后问贡文，近日有何大作？贡文开玩笑说："近著《兵论》一文。"

并凭着记忆把刚看过的内容复述了一遍。王安石一听，便将自己写的《兵论》扔在了火炉里，贡文问其故，王安石说："文贵创新。此文与君文雷同，何必浪费笔墨呢？"

3. 李白焚书

诗圣李白年轻时爱好散文，对司马相如的《子虚赋》很佩服，后又读了《文选》中的优秀文章，很受启发，便开始摹仿，写了几篇，觉得摹仿的痕迹太重，便全部焚毁。

第7章

消防设施和逃生器材

建筑火灾发生后，建筑内的疏散设施启动提供疏散逃生的帮助。在同时，火灾扑救设施也启动实施灭火功能，尽快消灭火灾，减小人员伤亡，降低火灾损失。在建筑火灾中，建筑中的消防灭火设施起到了很重要的作用。随着社会文明的发展，建筑消防设施将日益增多，适应这些变化，更新消防观念，确保生活安全，是现代人所必须具备的素质。建筑火灾发生后，在疏散逃生时，要充分利用好建筑内的疏散设施，发挥它的作用保证安全。这需要生活工作在里面的人员，在平时就熟悉疏散设施的位置，了解疏散设施的功能、作用，掌握使用方法。

7.1 灭 火 器

7.1.1 常见灭火器是如何分类的?

灭火器的种类很多，按其移动方式可分为：手提式和推车式；按驱动灭火剂的动力来源可分为：储气瓶式、储压式、化学反应式；按所充装的灭火剂则又可分为：泡沫、干粉、卤代烷、二氧化碳、酸碱、清水等。

7.1.2 灭火器适应火灾及使用方法有哪些？

1. 手提式泡沫灭火器适应火灾及使用方法

泡沫灭火器适用于扑救一般 B 类火灾，如油制品、油脂等火灾，也可适用于 A 类火灾，但不能扑救 B 类火灾中的水溶性可燃、易燃液体的火灾，如醇、酯、醚、酮等物质火灾；也不能扑救带电设备及 C 类和 D 类火灾。

使用方法：可手提筒体上部的提环，迅速奔赴火场。这时应注意不得使灭火器过分倾斜，更不可横拿或颠倒，以免两种药剂混合而提前喷出。当距离着火点 10 米左右，即可将筒体颠倒过来，一只手紧握提环，另一只手扶住筒体的底圈，将射流对准燃烧物。

在扑救可燃液体火灾时，如已呈流淌状燃烧，则将泡沫由远而近喷射，使泡沫完全覆盖在燃烧液面上；如在容器内燃烧，应将泡沫射向容器的内壁，使泡沫沿着内壁流淌，逐步覆盖着火液面。切忌直接对准液面喷射，以免由于射流的冲击，反而将燃烧的液体冲散或冲出容器，扩大燃烧范围。在扑救固体物质火灾时，应将射流对准燃烧最猛烈处。灭火时随着有效喷射距离的缩短，使用者应逐渐向燃烧区靠近，并始终将泡沫喷在燃烧物上，直到扑灭。使用时，灭火器应始终保持倒置状态，否则会中断喷射。

手提式泡沫灭火器存放应选择干燥、阴凉、通风并取用方便之处，不可靠近高温或可能受到曝晒的地方，以防止碳酸分解而失效；冬季要采取防冻措施，以防止冻结；并应经常擦除灰尘、疏通喷嘴，使之保持通畅。

2. 推车式泡沫灭火器适应火灾和使用方法

推车式泡沫灭火器适用于扑救一般 B 类火灾，如油制品、油脂等火灾，也可适用于 A 类火灾，但不能扑救 B 类火灾中的水溶性可燃、易燃液体的火灾，如醇、酯、醚、酮等物质火灾；也不能扑救带电设备及 C 类和 D 类火灾。

使用方法：使用时，一般由两人操作，先将灭火器迅速推拉到火场，在距离着火点 10 米左右处停下，由一人施放喷射软管后，双手紧握喷枪并对准燃烧处；另一个则先逆时针方向转动手轮，将螺杆升到最高位置，使瓶盖开足，然后将筒体向后倾倒，使拉杆触地，并将阀门手柄旋转 90°，即可喷射泡沫进行灭火。如阀门装在喷枪处，则由负责操作喷枪者打开阀门。

灭火方法及注意事项与手提式化学泡沫灭火器基本相同，可以参照。由于该种灭火器的喷射距离远，连续喷射时间长，因而可充分发挥其优势，用来扑救较大面积的储槽或油罐车等处的初期火灾。

3. 空气泡沫灭火器适应火灾和使用方法

空气泡沫灭火器适用范围基本上与化学泡沫灭火器相同。但抗溶泡沫灭火器还能扑救水溶性易燃、可燃液体的火灾如醇、醚、酮等溶剂燃烧的初期火灾。

使用方法如下：使用时可手提或肩扛迅速奔到火场，在距燃烧物 6 米左右，拔出保险销，一手握住开启压把，另一手紧握喷枪；用力捏紧开启压把，打开密封或刺穿储气瓶密封片，空气泡沫即可从喷枪口喷出。灭火方法与手提式化学泡沫灭火器相同。但空气泡沫灭火器使用时，应使灭火器始终保持直立状态、切勿颠倒或横卧使用，否则会中断喷射。同时应一直紧握开启压把，不能松手，否则也会中断喷射。

4. 酸碱灭火器适应火灾及使用方法

酸碱灭火器适用于扑救 A 类物质燃烧的初起火灾，如木、

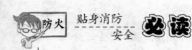

织物、纸张等燃烧的火灾。它不能用于扑救 B 类物质燃烧的火灾，也不能用于扑救 C 类可燃性气体或 D 类轻金属火灾。同时也不能用于带电物体火灾的扑救。

　　使用方法如下：使用时应手提筒体上部提环，迅速奔到着火地点。决不能将灭火器扛在背上，也不能过分倾斜，以防两种药液混合而提前喷射。在距离燃烧物 6 米左右，即可将灭火器颠倒过来，并摇晃几次，使两种药液加快混合；一只手握住提环，另一只手抓住筒体下的底圈将喷出的射流对准燃烧最猛烈处喷射。同时随着喷射距离的缩减，使用人应向燃烧处推近。

5. 二氧化碳灭火器的使用方法

　　灭火时只要将灭火器提到或扛到火场，在距燃烧物 5 米左右，放下灭火器拔出保险销，一手握住喇叭筒根部的手柄，另一只手紧握启闭阀的压把。对没有喷射软管的二氧化碳灭火器，应把喇叭筒往上板 70°～90°。使用时，不能直接用手抓住喇叭筒外壁或金属连线管，防止手被冻伤。灭火时，当可燃液体呈流淌状燃烧时，使用者将二氧化碳灭火剂的喷流由近而远向火焰喷射。如果可燃液体在容器内燃烧时，使用者应将喇叭筒提起。从容器的一侧上部向燃烧的容器中喷射。但不能将二氧化碳射流直接冲击可燃液面，以防止将可燃液体冲出容器而扩大火势，造成灭火困难。

　　推车式二氧化碳灭火器一般由两人操作，使用时两人一起将灭火器推或拉到燃烧处，在离燃烧物 10 米左右停下，一人快速取下喇叭筒并展开喷射软管后，握住喇叭筒根部的手柄，另一人快速按逆时针方向旋动手轮，并开到最大位置。灭火方法与手提式的方法一样。

使用二氧化碳灭火器时，在室外使用的，应选择在上风方向喷射。在室内窄小空间使用的，灭火后操作者应迅速离开，以防窒息。

6. 1211手提式灭火器使用方法

使用时，应将手提灭火器的提把或肩扛灭火器带到火场。在距燃烧处 5 米左右，放下灭火器，先拔出保险销，一手握住开启把，另一手握在喷射软管前端的喷嘴处。如灭火器无喷射软管，可一手握住开启压把，另一手扶住灭火器底部的底圈部分。先将喷嘴对准燃烧处，用力握紧开启压把，使灭火器喷射。当被扑救可燃烧液体呈现流淌状燃烧时，使用者应对准火焰根部由近而远并左右扫射，向前快速推进，直至火焰全部扑灭。如果可燃液体在容器中燃烧，应对准火焰左右晃动扫射，当火焰被赶出容器时，喷射流跟着火焰扫射，直至把火焰全部扑灭。但应注意不能将喷流直接喷射在燃烧液面上，防止灭火剂的冲力将可燃液体冲出容器而扩大火势，造成灭火困难。如果扑救可燃性固体物质的初起火灾时，则将喷流对准燃烧最猛烈处喷射，当火焰被扑灭后，应及时采取措施，不让其复燃。1211 灭火器使用时不能颠倒，也不能横卧，否则灭火剂不会喷出。另外在室外使用时，应选择在上风方向喷射；在窄小的室内灭火时，灭火后操作者应迅速撤离，因 1211 灭火剂也有一定的毒性，以防对人体的伤害。

7. 推车式1211灭火器使用方法

灭火时一般由两个人操作，先将灭火器推或拉到火场，在距燃烧处 10 米左右停下，一人快速放开喷射软管，紧握喷枪，对准燃烧处；另一人则快速打开灭火器阀门。灭火方法与手提式 1211 灭火器相同。

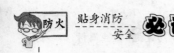

推车式灭火器的维护要求与手提式 1211 灭火器相同。

8. 1301 灭火器的使用

1301 灭火器的使用方法和适用范围与 1211 灭火器相同。但由于 1301 灭火剂喷出成雾状，在室外有风状态下使用时，其灭火能力没 1211 灭火器高，因此更应在上风方向喷射。

9. 干粉灭火器适应火灾和使用方法

碳酸氢钠干粉灭火器适用于易燃、可燃液体、气体及带电设备的初起火灾；磷酸铵盐干粉灭火器除可用于上述几类火灾外，还可扑救固体类物质的初期火灾。但都不能扑救金属燃烧火灾。

灭火时，可手提或肩扛灭火器快速奔赴火场，在距燃烧处 5 米左右，放下灭火器。如在室外，应选择在上风方向喷射。使用的干粉灭火器若是外挂式储压式的，操作者应一手紧握喷枪、另一手提起储气瓶上的开启提环。如果储气瓶的开启是手轮式的，则向逆时针方向旋开，并旋到最高位置，随即提起灭火器。当干粉喷出后，迅速对准火焰的根部扫射。使用的干粉灭火器若是内置式储气瓶的或者是储压式的，操作者应先将开启把上的保险销拔下，然后握住喷射软管前端喷嘴部，另一只手将开启压把压下，打开灭火器进行灭火。有喷射软管的灭火器或储压式灭火器在使用时，一手应始终压下压把，不能放开，否则会中断喷射。

干粉灭火器扑救可燃、易燃液体火灾时，应对准火焰要部扫射，如果被扑救的液体火灾呈流淌燃烧时，应对准火焰根部由近而远，并左右扫射，直至把火焰全部扑灭。如果可燃液体在容器内燃烧，使用者应对准火焰根部左右晃动扫射，使喷射出的干粉流覆盖整个容器开口表面；当火焰被赶出容器时，使

184

用者仍应继续喷射，直至将火焰全部扑灭。在扑救容器内可燃液体火灾时，应注意不能将喷嘴直接对准液面喷射，防止喷流的冲击力使可燃液体溅出而扩大火势，造成灭火困难。如果当可燃液体在金属容器中燃烧时间过长，容器的壁温已高于扑救可燃液体的自燃点，此时极易造成灭火后再复燃的现象，若与泡沫类灭火器联用，则灭火效果更佳。

使用磷酸铵盐干粉灭火器扑救固体可燃物火灾时，应对准燃烧最猛烈处喷射，并上下左右扫射。如条件许可，使用者可提着灭火器沿着燃烧物的四周边走边喷，使干粉灭火剂均匀地喷在燃烧物的表面，直至将火焰全部扑灭。

10. 推车式干粉灭火器的使用方法

推车式干粉灭火器的使用方法与手提式干粉灭火器的使用相同。

7.1.3　灭火器应如何维护和管理？

1. 使用单位必须加强对灭火器的日常管理和维护。要建立"灭火器维护管理档案"，登记类型、配置数量、设置部位和维护管理的责任人；明确维护管理责任人的职责。

2. 使用单位要对灭火器的维护情况至少每季度检查一次，检查内容包括：责任人维护职责的落实情况，灭火器压力值是否处于正常压力范围，保险销和铅封是否完好，灭火器不能挪作它用，摆放稳固，没有埋压，灭火器箱不得上锁，避免日光曝晒和强辐射热，灭火器是否在有效期内等，要将检查灭火器有效状态的情况制作成"状态卡"，挂在灭火器筒体上明示。

3. 使用单位应当至少每 12 个月自行组织或委托维修单位对所有灭火器进行一次功能性检查，主要的检查内容是：灭火

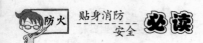

器筒体是否有锈蚀、变形现象；铭牌是否完整清晰；喷嘴是否有变形、开裂、损伤；喷射软管是否畅通、是否有变形和损伤；灭火器压力表的外表面是否变形、损伤，指针是否指在绿区；灭火器压把、阀体等金属件是否有严重损伤、变形、锈蚀等影响使用的缺陷；灭火器的橡胶、塑料件是否变形、变色、老化或断裂；在相同批次的灭火器中抽取一具灭火器进行灭火性能测试。灭火器经功能性检查发现存在问题的必须委托有维修资质的维修单位进行维修，更换已损件、筒体进行水压试验、重新充装灭火剂和驱动气体。维修单位必须严格落实灭火器报废制度。

7.1.4　灭火器配置应注意哪些事项？

1. 了解灭火器的适用范围。扑救 A 类火灾可选择水型灭火器、泡沫灭火器、磷酸铵盐干粉灭火器、卤代烷灭火器；扑救 B 类火灾可选择泡沫灭火器(化学泡沫灭火器只限于扑灭非极性溶剂)、干粉灭火器、卤代烷灭火器、二氧化碳灭火器；扑救 C 类火灾可选择干粉灭火器、卤代烷灭火器、二氧化碳灭火器等；扑救 D 类火灾可选择粉状石墨灭火器、专用干粉灭火器，也可用干砂或铸铁屑末代替。扑救带电火灾可选择干粉灭火器、卤代烷灭火器、二氧化碳灭火器等；带电火灾包括家用电器、电子元件、电气设备(计算机、复印机、打印机、传真机、发电机、电动机、变压器等)以及电线电缆等燃烧时仍带电的火灾，而顶挂、壁挂的日常照明灯具及起火后可自行切断电源的设备所发生的火灾则不应列入带电火灾范围。

2. 了解灭火器灭火的有效程度。相对于扑灭同一火灾而言，不同灭火器的灭火有效程度有很大差异；二氧化碳和泡沫灭火剂用量较大，灭火时间较长；干粉灭火剂用量较少，灭火时间很短；卤代烷灭火剂用量适中，时间稍长于干粉。配置时可根据场所的重要性，对灭火速度要求的高低等方面综合考虑。

3. 了解灭火器设置场所的环境温度。灭火器设置场所的环境温度对于灭火器的喷射性能和安全性能有明显影响。若环境温度过低则灭火器的喷射性能显著降低，影响灭火效能；若环境温度过高则灭火器内压增加，灭火器有爆炸伤人的危险。因此灭火器设置点的环境温度应在灭火器的使用温度范围内。

4. 了解灭火器对保护物品的污损程度。水、泡沫、干粉灭火器喷射后有可能产生不同程度的水渍、泡沫污染和粉尘污染等，对于贵重设备、精密仪器、珍贵文物、高档电气设备等，应选用二氧化碳和卤代烷等高效洁净的灭火器，不得配置低效且有明显污损作用的灭火器；对于价值较低的物品，则无须过多考虑灭火剂污染的影响。

5. 考虑使用灭火器人员的身体素质。灭火器的重量不等，小的只有0.5公斤，大的可达几十公斤，配置灭火器时应考虑其使用人员的年龄、性别、体力等。使用人员以青壮年为主的场所可配置较大级别的灭火器，有助于迅速灭火；而在服装厂（以女工为主）、医院、小学及养老院、福利工厂（工人存在生理缺陷）等场所应配置较小级别的灭火器，以便于开展灭火工作。

6. 考虑灭火器设置场所的火灾危险等级。火灾危险等级越高，则单位剂量灭火器的保护面积越小，为了方便有效地扑救初起火灾，应选用较大灭火级别的灭火器，如堆场、汽车库可选用大型推车式灭火器。对于火灾危险等级较低的场所，如

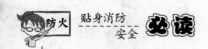

办公楼、教学楼等，可选用较小灭火级别的灭火器，以避免不必要的浪费。

7. 考虑灭火器的操作方法。各种灭火器的操作方法不尽相同，为了方便用同一操作方法使用多具灭火器顺利灭火，同一场所最好采用同一类型的灭火器，或选用同一操作方法的灭火器。

8. 考虑不同类型灭火器之间的相容性。不同类型灭火器所充装的灭火剂不同，在灭火时，不同的灭火剂可能会发生反应，导致不利于灭火的反作用。因此选用两种或两种以上类型的灭火器时，应采用灭火剂相容的灭火器。

9. 其他应考虑的问题。几种灭火器相比较，卤代烷 1211 灭火器价格最高，磷酸铵盐干粉次之，其余的相对较便宜；二氧化碳灭火器单位灭火级别的体积最大。为保护大气臭氧层，在非必要场所不得配置卤代烷灭火器。对于有防震动要求的计算机主机房等场所，不得选用推车式灭火器。

7.1.5　灭火器的使用期一般是多长时间？

从出厂日期算起，达到如下年限的必须报废：

手提式化学泡沫灭火器——5 年；

手提式酸碱灭火器——5 年；

手提式清水灭火器——6 年；

手提式干粉灭火器(贮气瓶式)——8 年；

手提贮压式干粉灭火器——10 年；

手提式 1211 灭火器——10 年；

手提式二氧化碳灭火器——12 年；

推车式化学泡沫灭火器——8 年；

推车式干粉灭火器(贮气瓶式)——10 年；

推车贮压式干粉灭火器——12年；

推车式1211灭火器——10年；

推车式二氧化碳灭火器——12年。

另外，灭火器应每年至少进行一次维护检查。

 7.2　消防应急灯具

消防应急灯具包括消防疏散指示和应急照明。火灾中人员疏散和逃生中，精神紧张，尤其是在停电没有光照的情况下，更会导致惊慌失措和各种意外，疏散指示和应急照明就是提供这种防范的设施。在疏散门上方，走廊下方，楼梯前室，走廊转弯处，等重要部位设置疏散方向标示和照明灯具，停电时备用消防电源自动切换保证照明，帮助疏散。建筑物发生火灾，在正常电源被切断时如果没有事故照明和疏散指示标志等应急照明灯具，受困人员往往因找不到安全出口而发生拥挤、碰撞、摔倒，尤其是高层建筑、影剧院、礼堂、歌舞厅等公众聚集场所发生火灾后，由于人员拥挤，对场所情况不熟悉，更是极易造成较大的伤亡事故。

7.2.1　选用消防应急灯具应注意什么问题？

1. 应进行合理的应急灯具选型。现在国际通用的消防应急灯具按照供电方式和控制方式一般可以分为以下七种类型：(1)自带电源独立控制型；(2)自带电源集中控制型；(3)集中电源独立控制型；(4)集中电源集中控制型；(5)子母电源独立控制型；(6)子母电源集中控制型；(7)子母电源子母控制型。在选择应急灯的时候，要根据建筑物的特点和消防电源的情况

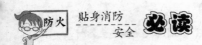

进行合理选型。对于新建工程，特别是有消防控制室的工程，应尽量在建设时统一布线，选用集中控制型。对于分散布置的小型建筑物内或者对于后期整改添置的应急灯具，一般要选择自带电源独立控制型的。

2. 注意把好产品质量关，将民用应急灯具和火灾事故应急灯具区分开。在进行质量把关时，首先应进行外观检查。合格的灯具应当文字、符号和标志清晰齐全，外表无腐蚀、涂覆层剥落和起泡现象，无明显划伤、裂痕、毛刺等机械损伤，紧固部位无松动，使用说明书齐全。其次是进行有关性能的检测，主要是检测电池性能和灯具电压转换工作情况。合格的灯具其电池容量应持续放电 90 分钟以上，由主电状态转入应急状态时，主电电压应在 132～187 伏范围内。再就是看商家生产经营手续是否齐全。消防应急照明灯具是一种专业性强，要求标准高的灯具，生产和销售的企业都须具有完善的手续和经营资质，要具有产品合格证、产品登记备案证和当年产品的检测报告，凡无证经营都是不法行为，其产品质量也没有保证。在选购中要注意将消防应急灯具和普通民用应急灯具区分开来，选择货真价实的消防应急灯具。

3. 做好安装、使用和管理工作。有了合格灯具，要让它真正发挥作用，还必须在安装、使用和管理中严格按照有关规定执行，不然应急灯具就会变成聋子的耳朵——摆设。疏散用的应急照明灯宜设在墙面或顶棚上，安全出口标志宜设在出口的顶部，疏散走道的指示标志宜设在疏散走道及其转角处，距地面 1 米以下的墙面上。走道疏散标志灯的间距不应大于 10 米。应急照明灯和灯光疏散指示标志应设玻璃或其他阻燃材料制作的保护罩，保护罩的氧指数应在 32 以上。平时应加强对应急照明灯具的维护和管理，要定期检查、调试，发现备用电源、保护罩等损坏的现象，要及时维修和更换，以确保应急灯具关键时用得上。

7.3　其他常见的消防设施有哪些?

1. 室内消火栓系统。通常我们常见的消防设施是消火栓系统，在多层楼房建筑中普遍使用，是典型的火灾扑救设施。设在各楼层墙壁上的消火栓箱里，配置着水阀开关、水枪、水带、接口、水泵启动按钮等设备。火灾发生时，用水枪通过25米长的水带，将水喷到火场，将火扑灭。使用消火栓时要先将水带展开握好，再打开开关，压力超过 0.3 兆帕时，要注意防止水锤现象(水枪甩动)伤人。

2. 防火门、窗和防火卷帘，都是用来进行防火分区分隔的设施。大体量的建筑，为防止火灾蔓延，在设计上的一个重要的措施是实施防火分区。是用防火墙、楼板、和分隔设施将火灾限制在一定的空间之内，并保证一定时间内不蔓延出去。为人们赢得扑救火灾的时间。通常一层楼根据面积可分为一个或多个防火分区。防火门、窗和防火卷帘一般设置在通道、通风或大开敞的位置，有固定和活动的两种形式。平时要定期检查看有无变形、失灵、损坏的情况，防止用时失效，使火灾蔓延。

3. 自动喷洒系统。这是最常见的自动灭火设施，数量大应用面广，在各种场所都可以看见头顶上有喷头分布，这就是安装了自动喷洒系统。喷头上有带颜色的玻璃泡，红色的玻璃泡表示在发生火灾环境温度达到摄氏 68 度时，玻璃泡将自动爆裂喷水灭火。自动喷洒系统有自己独立的供水系统，水压要

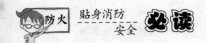
求很低，灭火效果很好。消防控制室人员要定期维护，防止撞击、冻裂、堵塞、渗漏、无水等情况发生。

4. 火灾自动报警系统，是将感烟、感温、或感光的火灾探测器（火灾探头）安装在建筑的各部位，遇到火灾信息立即转化为电信号报告给火灾报警控制器，控制器立刻反应发出火灾警报，建筑内的相关部分的警灯和警铃动作声光报警。引起人员的注意。

5. 避难间和避难层，超过 100 米高的建筑被称为超高层建筑，它的安全疏散的难度当然更大，要求的条件更高，解决这一问题的重要措施，是设置避难间和避难层。超高层建筑每隔十五层，就根据疏散人员多少的情况，设置避难层或避难间。避难层和避难间的通风排烟等疏散设施，消防用点和灭火设施都是独立的系统，可靠性很高。这层的楼梯都同层错位。疏散逃生人员无论是上楼还是下楼，都必须经过避难层或避难间，不会错过。

6. 消防控制室，高层民用建筑和重要的公众积聚场所都设置自动消防工程设施，控制操作和管理维护这些设施的地方就是消防控制室，它一般设在一楼或地下一层，直通室外并有明显标示。24 小时均有人值班，是建筑的安全控制中心。由它来监视、收集火灾信号，遇到火情，就迅速报警通知人员疏散，启动各消防设施，帮助人员疏散和火灾扑救。

7.4 救生器材

7.4.1 缓降器

缓降器是一种可使人随安全带缓慢下降，借人体下降的重力启动，依靠摩擦产生阻力或调速器自动调整控制下降速度，使人获得缓速降落的救生装置。目前，国产缓降器有很多种，已经广泛用于高层建筑火灾时的人员自救，或者由消防员操作，营救火灾中的被困人员。由于缓降器结构比较简单，设置场所比较随意，使用操作不太复杂，是一种比较理想的逃生和救人设备，所以被人们喻为高层建筑火灾时的"救生圈"。

1. 使用缓降器应注意什么？

使用缓降器时，要将绳盘抛至楼下，套好安全带，当第一个人下降着地后，绳索另一端的安全吊带升至救生器的悬挂处，第二个人即可套好安全带后下降着地逃生。不允许滑降绳索同建筑物的窗台、墙壁或其他构件接触摩擦，以免影响下降的速度和绳索及整个救生器的使用寿命。如果滑降绳索的编织保护层脱落破损，必须停止使用，进行更换后检查符合要求，才能再次投入使用。

2. 缓降器如何使用？

1. 自盒中取出缓降机。

2. 打开持勾接头。

3. 挂在固定架。

4. 安全索套在腋下，束环束在胸口。

5. 拉紧调解器下两条绳索。

6. 攀出窗外面向墙壁。

7. 放开双手张开双臂，并注意身体下降时勿撞击壁面。

8. 下降后立刻拿开安全索。

9. 顺势下拉绳索到顶，以便下一位使用。

7.4.2　救生绳

救生绳是上端固定悬挂，供人们手握进行滑降的绳子。救

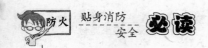
生绳主要用作消防员个人携带的一种救人或自救工具，也可以用于运送消防施救器材，还可以在火情侦察时作标绳用。在有些大型厂矿因火灾造成大面积烟雾时，还可以用于被困人员顺绳逃生。目前使用的救生绳主要是精制麻绳，绳的直径为6～14毫米，长度为15～30米，通常将直径小的救生绳称为抛绳、引绳或标绳，将直径大的救生绳称为安全绳。

1. 救生绳如何操作？

1. 将救生绳一端固定在牢固的物体上，并将救生绳顺着窗口抛向楼下。

2. 双手握住救生绳，左脚面勾住窗台，右脚蹬外墙面，待人平稳后，左脚移出窗外。

3. 两腿微弯，两脚用力蹬墙面的同时，双臂伸直，双手微松，两眼注视下方，沿救生绳下滑。

4. 当快接近地面时，右臂向前弯曲，勒绳两腿微曲，两脚尖先着地。

2. 救生绳在使用和保管时有什么注意事项？

1. 使用时不能使绳受到超负荷的冲击或载荷，否则，会出现断股，甚至断绳。

2. 平时应存放在干燥通风处，以防霉变。

3. 使用后涮洗。湿水后应及时放在通风干燥处阴干或晾干，切忌长时间曝晒。

4. 勤检查，如发现绳索磨损较大或横截面有一半以上磨断时，应立即停止使用。

5. 使用者应定期作负重检查，如无断股或破损，方可继续使用。

6. 救生绳在保管时，避免使绳与尖利物品接触，如沾有酸、碱物质时，应立即冲洗干净并晾干。

7.4.3 救生袋

救生袋是两端开口，供人从高处在其内部缓慢滑降的长条形袋状物，通常又称救生通道。它以尼龙织物为主要材料，可固定或随时安装使用，是楼房建筑火场受难人员的脱险器具。目前我国的举高消防车救生通道，是与举高消防车配合使用的救生器具。它结构新颖，可在不同高度下安全使用，而且该通道是与缓降器联合使用的，更增加了安全性，可供消防队员在楼房建筑火灾的情况下营救被困人员时使用。

举高消防车救生通道由挂钩连接带、缓降滑带、速度控制器(5 只)、连接钩(2 只)、安全带(5 根)、通道筒、背包、救生通道(安装架门套)、手套(1 副)等组成。通道筒是三层结构，外筒用耐高温材料制成，形成防护罩，中筒用针织弹性尼龙制成，内筒用棉丝绸制成。各筒用拉链调节通道长度，以适应实际使用高度的需要。

1. 救生通道的技术性能有哪些？

1. 被营救人员体重范围 65～85 公斤。

2. 使用高度 8～18 米。

3. 质量不大于 43 公斤，其中救生通道安装架重 23.6 千克。

4. 正常操纵情况下，保证被营救人员落地平稳，无明显冲击。

2. 救生通道如何包装？

1. 将通道筒和缓降滑绳理顺、平整。

2. 将速度控制器装配在缓降滑带上，一根滑带装 5 只。

3. 将缓降滑带上的挂钩挂在相当的连接带绊内。

4. 将缓降滑带穿过救生通道。

5. 用封口绳系紧通道筒颈部。

6. 以"之"字形的折叠方法将通道筒放入通道包内。

7. 用封包绳系紧通道包。

8. 将通道包缓降器挂钩连接安全带和履历簿放入背包内。

9. 将救生通道装在安装架上。

3. 如何使用救生通道？

1. 将救生通道安装架放成工作状态，打开背包取出通道

筒，将连接带挂钩固定在举高车工作台架上。

2. 放下救生通道，并按实际使用高度，用拉链调节通道筒的长度。

3. 被营救人员系配安全带，将两个连接钩钩在安全带上的两个金属环内，双手抓住方框上的扶手。

4. 被营救人员进入通道后，即在通道内下降，其下降速度由地面消防员控制，被营救人员双手向上，不做任何操纵动作。

5. 接近地面时，地面消防员应适当加大操纵力，减小下降速度，使被营救人员平稳着地。

4. 救生通道安全注意事项有哪些？

1. 使用前必须检查连接钩与安全带上的两只环是否钩牢。

2. 速度控制器必须位于扶手内侧。

3. 被营救人员应脱掉棉、皮大衣。

4. 体重小于 50 公斤的被营救人员可骑在另一人肩上同时下降。

5. 严禁地面控制下降速度的消防员双手松开缓降滑带，

使被营救人员自由下降。

6. 严禁被营救人员做任何操纵动作。

7. 接近地面时，地面控制下降速度的消防员应加大操纵力，以减小下降速度，使被营救人员安全平稳着地。

7.4.4　过滤式防毒面具

过滤式防毒面具是一种能够有效地滤除吸入空气中的化学毒气或其他有害物质，并能保护眼睛和头部皮肤免受化学毒剂伤害的防护器材，是消防部队最常用的一种防毒面具。其基本结构和防毒原理相同，都是由滤毒罐、面罩和面具袋三部分组成。

在使用这种防毒面具时，由于面具的呼吸阻力、有害空间和面罩的局部作用，对人体的正常生理功能造成不同程度的影响。在平时健康人员尚可忍受，在一些特殊情况下，就可能会带来一定的恶果。因此，对不适合戴面具的人员，应根据病情限制或禁止使用防毒面具。对患有心血管、呼吸系统疾病，贫血、高血压、肾脏病患者等，应尽量缩短配戴时间。

使用方法如下：(1)打开塑料盒，取出防火面具；(2)展开防火面具并拔掉前后两个塞子，丢掉包装和塞子；(3)展开防火面具，戴到头上；(4)抓紧防火面具和过滤罐对准嘴和鼻子，从侧面向后拉紧系带。

7.4.5　其他常见的救生器材有哪些？

1. 救生气垫。救生气垫是一种接救从高处下跳人员的充气软垫，适用于 10 米以下的楼层下跳逃生。平时，救生气垫是折叠起来存放的，使用时，在现场用空气充填泵进行充气。

充气以后，救生气垫的形状就像很大很厚的棉被模样，由于内部有空气，当高处人员下跳在救生气垫上，救生气垫就起到了缓冲作用，大大减缓了人体自高处落地的惯性冲击力，使人不受损伤。

但是，使用救生气垫救人也有局限性：一是救生高度有限，一般要求安全救生的跳落高度不超过 10 米，也就是不超过四层楼的高度，如果太高，人体下落的重力加速度增大，救生气垫的缓冲作用难以保证人体不受损伤。二是救生气垫面积有限，由于救生气垫占地面积比较小，人员从高处下跳时，有偏离救生气垫的危险，所以下跳必须对准气垫中心点，不准两人同时使用。

2. 救生软梯。救生软梯是一种用于营救和撤离火场被困人员的移动式梯子，可收藏在包装袋内，在楼房建筑物发生火灾或意外事故时，楼梯通道被封闭的危急情况下，是进行救生用的有效工具。一般的救生软梯主梯长 15 米，重量小于 15 公斤，荷载 1000 公斤，每节梯登荷载 150 公斤，最多可载 8 人。

使用救生软梯时，根据楼层高度和实际需要选择主梯或加挂副梯。将窗户打开后，把挂钩安放在窗台上，同时要把两只安全钩挂在附近牢固的物体上，然后将软梯向窗外垂放，即可使用。

7.5　怎样识别假冒伪劣消防产品？

市场上假冒伪劣消防产品较多，许多用户接触消防产品较少，再加上对消防产品的管理不了解，购买时稍不注意就很容易买到假冒伪劣产品。

198

7.5.1　外观识别

正规消防产品表面及包装应有清晰、耐久的标志，包括产品标志和质量检验标志（合格证）。产品标志应包括制造厂名厂址、产品名称、产品型号（规格）、主要技术系数、产品商标、生产日期及产品编号、执行标准代号。质量检验标志应包括检验员及合格标志。

假冒伪劣产品外观标志往往模糊粗糙，内容不全，不耐久。如假冒消火栓阀体上的商标铸造模糊不清；接口上无规格型号标志；消防水带不标"消防"二字，故意混淆等。

另外消防产品实体表面根据标准要求要使用不燃材料或难燃材料的却采用可燃或易燃材料，也可作为判断其为假冒伪劣产品的依据。如消防应急灯具、消火栓箱产品表面本应按要求使用难燃材料或不燃材料的而采用有机玻璃等可燃材料。

7.5.2　相关证照及产品质检报告识别

消防产品实行行业监督管理，根据《中华人民共和国产品质量法》、《中华人民共和国消防法》及国家技术监督局、公安部等有关部门的规定，不同类别的消防产品应遵守不同的管理规则。用户应该了解消防产品监督管理分类，并在购买产品时索取相应的手续和证照以便验证。

1. 由中国消防产品质量认证委员会实施产品质量认证的消防产品有：火灾报警控制器、点型感温、感烟探测器、手动报警按钮、消防联动控制设备、洒水喷头、湿式报警阀、水流批示器、消防用压力开关、消防水带十个品种。这些产品须有

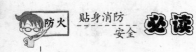

认证书及认证标志。

2. 由公安部实施全国工业产品生产许可证的消防产品有：各类灭火药剂，1公斤以上各类手提式灭火器，推车灭火器，各类接口，消防水栓，室内、外消火栓，消防水泵接合器，消火栓连接器，钢质、木质防火门产品，这些产品必须有生产许可证，在铭牌标志上要注明其许可证编号。

3. 由机械工业部和公安部批准实施汽车目录管理的各类消防车。

4. 除上述消防产品外，其他各类消防产品必须经国家消防产品质量监督检验中心型式检验合格方可生产和销售。在购买这些产品时供方应提供有效的质检报告。

7.6　消防车辆

消防车是人们用于灭火、辅助灭火或消防救援的机动消防技术装备，是根据不同施救对象和灭火战斗的需要而设计制造成适合于消防人员乘用、装备各种消防器材或灭火剂的车辆。随着现代科技的日新月异，特别是石油化学工业的飞跃发展，高层建筑的成批涌现，交通运输的高度发达和新型灭火剂的不断开发、消防部队用以扑救火灾的主要工具，亦由早期单一品种的消防车，向大功率、高效能、多品种系列发展，出现了多种多样的消防车，以适应消防战斗技术发展的需要。

7.6.1　消防车的分类

通常根据消防车的底盘承载能力、功能用途、乘员室的布置和水泵在消防车上的安装位置，进行分类。

1. 按消防车底盘承载能力分哪些类？

1. 轻型消防车。轻型消防车是指底盘承载能力在 500～5000 千克的消防车。主要包括轻型消防车、轻型泡沫消防车、轻型干粉消防车、轻型通讯指挥车、轻型勘察消防车等。

2. 中型消防车。中型消防车是指底盘承载能力在 5000～8000 千克的消防车。主要包括各类中型水罐消防车、泡沫消防车、干粉消防车、泡沫—干粉联用消防车、登高平台消防车、云梯消防车、举高喷射消防车、通讯指挥消防车、照明消防车、排烟消防车、勘察消防车、宣传消防车、供水消防车、器材消防车、泡沫消防车等。

3. 重型消防车。重型消防车是指底盘承载能力在 8000 千克以上的消防车。主要包括各类重型水罐消防车、泡沫消防车、干粉消防车、二氧化碳消防车、泡沫—干粉联用消防车、登高平台消防车、云梯消防车等。

2. 按消防车功能用途分哪些类？

1. 灭火消防车：喷射灭火剂独立扑救火灾的消防车。具体有：泵浦消防车、水罐消防车、泡沫消防车、干粉消防车等。

2. 机场消防车：专用于处理飞机火灾事故，可在行驶中喷射灭火剂的灭火消防车。具体有：机场救援先导消防车、抢险救援消防车。

3. 专勤消防车：担负除灭火之外的某专项消防技术作业的消防车。具体有：通讯指挥消防车、照明消防车、抢险救援消防车、勘察消防车、宣传消防车、排烟消防车等。

4. 举高消防车：即装备举高和灭火装置可进行登高灭火或消防救援的消防车。具体有：登高平台消防车、举高喷射消防车、云梯消防车。

5. 后援消防车：即向火场补充各类灭火剂或消防器材的消防车。具体有：供水消防车、泡沫消防车、救护消防车等。

3. 按水泵在消防车上的安装位置分哪些类？

1. 前置泵式消防车：水泵安装在消防车的前端，优点是维修水泵方便，适用于中、轻型的消防车。

2. 中置泵式消防车：水泵安装在消防车的中部位置。目前我国消防车大多数采用这一型式，优点是整车总体布置比较合理。

202

3. 后置泵式消防车：其特点是水泵维修比中置泵方便。

4. 倒置泵式消防车：水泵位于车架的侧面，后置发动机的机场救援消防车常采用这种型式。这样布置可以降低整车的重心，也给检修水泵提供了方便。

7.6.2　消防车的用途

消防车是消防队的主要装备。其用途是将灭火人员及灭火剂、器材装备安全迅速地运到场，以抢救人员，扑救火灾。不同种类的消防车各有其独特的用途。

1. 泵浦消防车：车上装有消防水泵、器材及乘员座位，将消防人员输送到火场，利用水源直接进行扑救，也可用来向火场其他灭火喷射设备供水。国产泵浦消防车多数为吉普车底盘和 BJ130 底盘改造，适用于道路狭窄的城市和乡镇。

2. 水罐消防车：车上除了装备消防水泵及器材以外，还设有较大容量的贮水罐及水枪、水炮等。可将水和消防人员输送到火场独立进行扑救火灾。它也可以从水源吸水直接进行扑救，或向其他消防车和灭火喷射装备供水。适合扑救一般性火灾，是公安消防队和企事业专职消防队常备的消防车辆。在缺水地区也可作供水、输水用车。

3. 泡沫消防车：主要装备消防水泵、水罐、泡沫混合系统、泡沫枪、炮及其他消防器材，可以独立扑救火灾。特别适用于扑救石油等油类火灾，也可以向火场供水和泡沫混合液，是石油化工企业、输油码头、机场以及城市专业消防必备的消防车辆。

4. 高倍泡沫消防车：装备高倍数泡沫发生装置和消防水泵系统。可以迅速喷射发泡 400～1000 倍的大量高倍数空气泡沫，使燃烧物表面与空气隔绝，起到窒息和冷却的作用，并能排除部分浓烟，适用于扑救地下室、仓库、船舱等封闭或半封闭建筑场所火灾，效果显著。

5. 二氧化碳消防车：车上装备有二氧化碳灭火剂的高压贮气钢瓶及成套喷射装置；有的还设有消防水泵。主要用于扑救贵重设备、精密仪器、重要文物和图书档案等火灾，也可扑救一般物质的火灾。

6. 干粉消防车：主要装备干粉灭火剂罐及干粉喷射装置消防水泵和消防器材等，主要使用干粉扑救可燃和易燃液体。可燃气体火灾、带电设备火灾，也可以扑救一般物质的火灾。对于大型化工厂管道火灾，扑救效果尤为显著。是石油化工企业常备的消防车。

7. 泡沫—干粉联用消防车：车上的装备和灭火剂是泡沫消防车和干粉消防车的组合，它既可以同时喷射不同的灭火剂，也可以单独使用。适用于扑救可燃气体、易燃液体、有机溶剂和电气设备以及一般物质的火灾。

8. 机场救援先导消防车：这种车辆一般具有非常良好的

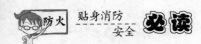

机动性能，并备有1000升左右的轻水泡沫液。该车在得到飞机失事的警报后，能极其迅速地驶往失事地点，向飞机和失火部位喷射轻水泡沫，阻止火势蔓延，为后援消防车扑救赢得宝贵的时间。

9. 机场救援消防车：专用于飞机失事火灾的扑救和营救人员，是一种大型化学消防车。其特点是车上装载着大量的水和一定比例的泡沫灭火剂以及干粉灭火剂，还配备有各种消防救援装备和破拆工具，车辆具有良好的机动性能和越野性能，并可以在行进中喷射灭火剂。这与一般灭火消防车有着显著的区别。

10. 登高平台消防车：车上设有液压升高平台，供消防人员进行登高扑救高层建筑、高大设施、油罐等火灾，营救被困人员，抢救贵重物资以及完成其他救援任务。

11. 举高喷射消防车：装备有折叠、伸缩或组合式臂架、转台和灭火喷射装置。消防人员可在地面遥控操作臂架顶端的灭火喷射装置在空中向施救目标进行喷射扑救。

12. 云梯消防车：车上设有伸缩式云梯（可带有升降斗）、转台及灭火装置，供消防人员登高进行灭火和营救被困人员，适用于高层建筑火灾的扑救。

13. 通讯指挥消防车：车上设有电台、电话录音等通信设备，是供火场指挥员指挥灭火、救援和通信联络的专勤消防车。

14. 照明消防车：车上主要装备发电的照明设备（发电机固定升降照明塔和移动灯具）以及通信器材。为夜间灭火、救援工作提供了照明，并兼作火场；临时电源供通信、广播宣传和作破拆器具的动力。

15. 抢险救援消防车：车上装备各种消防救援器材消防员特种防护设备、消防破拆工具及火源探测器，是担负抢险救援任务的专勤消防车。

16. 勘察消防车：车上装备有勘察柜、勘察箱、破拆工具柜。装有气体、液体、声响等探测器与分析仪器，也可根据用户要求装备电台、对讲机、录像机、录音机和开（闭）路电视。是一种适用于公安、司法和消防系统特殊用途的勘察消防车。它用于火灾现场、刑事犯罪现场及其他现场的勘察，还可用于大专院校、厂矿企业、科研部门和地质勘察等单位。

17. 排烟消防车：车上装备风机、导风管，用于火场排烟或强制通风，以便使消防队员进入着火建筑物内进行灭火和营救工作。特别适宜于扑救地下建筑的仓库等场所火灾时使用。

18. 供液消防车：车上主要装备是泡沫罐及泡沫泵装置，是专给火场输送补给泡沫液的后援车辆。

19. 器材消防车：用于将消防吸水管、消防水带、接口、破拆器具、救生器材等各类消防器材及配件运送至火场。

20. 救护消防车：车上装备有担架、氧气呼吸器等医疗用品。急救设备，用来救护和运送火场伤亡人员。

趣味故事

1. 墨子为代表的墨家在消防上的贡献

春秋战国之际的著名思想家墨翟，是墨家的创始人，他的著作《墨子》现存53篇。近现代学者研究认为，《墨子》一书中包含着力学、光学、声学等许多科学原理。我们研究发现，墨子在消防治理方面，也有许多独到的主张。他所提出的防火技术措施，不仅有设置、建造的具体要求，而且有明确的数据

规定。因此，有理由认为，这是世界上最早的消防技术规范。现举例如下：

炉灶、烟囱的防火要求，所有的炉灶在烧火的灶门部位，必须构筑矮墙作为屏障，防止炉灶内的火往外延烧；伸出室外的烟囱，必须高出屋面4尺。

关于城门的防火技术，在本结构的门扇、门柱上，凿孔，孔深1寸，把2寸长的尖圆状的小木桩插入空中，外露1寸，每个小木桩间距7寸，然后在门上涂上厚厚的一层泥土，以防火箭射来时起火。

在城门上消防用水和取水工具。要求配备大的陶罐贮水，容量须在3石以上。大小相间分布；取水用麻斗、革盆，每距10步放1只。麻斗用麻布或旧布制作，上面涂漆，麻斗当中安装有柄，柄长8尺，斗的容量2斗到在3斗。

2. 孔子的消防观

儒家创始人孔子(前551年~前479年)春秋时人，是著名的思想家、政治家、教育家。他和他的学派，在消防治理方面的杰出贡献主要有三个方面：

(1) 把火灾作为重大事件，记入官修正史。《春秋》由孔子修订的一部编年史作为学生的教材。上起鲁隐公元年(前722年)，下至鲁哀公十四年(前481年)，共记载鲁国十二位国君在位242年的各国诸侯国的史事。这个历史时代，就因为这部书名《春秋》，被后人称作春秋时代。《左传》是汉朝学者研究、讲解《春秋》著作之一，补充了许多史事。

据统计，在《春秋》、《左传》中记载旱灾、水灾、冰雹、地震等自然灾害70次。这些灾害，都与农业生产密切相关。又专门记载火灾22次，这些火灾主要发生在城市和王宫。《春秋左传》是我国最早、最完整的编年史，把火灾作为重大历史事件列为国家大事，说明以孔子为代表的儒家对消防治理相当重视。开了我国编修国史记录火灾的先河。尽管《春秋》有严格的"笔法"，文字相当简练。多数只记某年某月灾，其中有三次大火记载详细。概括了春秋时期国家消防治理的经验，从主管官员分工和防火、灭火措施，都讲了。这三次大火是：

鲁襄公九年(前564年)，春，宋灾。

鲁昭公十八年(前524年)，宋、卫、陈、郑四国火。

鲁哀公三年五月辛卯，司铎火，火逾公宫，桓僖灾。

（2）注重以人为本。在扑救哀公三年的火灾中，季桓子赶到时下令说："救火者，伤人则止，财可为也。"救火的人如果受伤了，或面临受伤的危险，就退下来，停止救火。因为财物烧毁了是可以再创造出来的，而人受到伤害就无法弥补了。这是以人为本思想的一种表现。

儒家比较重视以人为本。据《论语·乡党》记载，孔子在鲁国担任大司寇时，一天，他家的马厩失火了。他退朝回到家里，首先问："伤人乎?"而不问马，总是把人放在第一位来考虑问题。

（3）主张依法治火。商王朝对"弃灰于街者"处以"断手"的刑罚。据《韩非子·内储说上》记载，商朝的刑法规定，对把热灰倒弃在街道上的人，要处以刑罚。子贡问他的老师孔子，孔子说："商王朝知道治理国家的道理。因为把热灰抛弃在街道上，必然会烧着人家，被烧的人家必然发怒，发怒必然引起相互斗殴，而斗殴必然三族相残，引起严重后果，所以处以刑罚是可行的。"

又说，商王朝的刑法，对弃灰于街道的人，要处以断手的

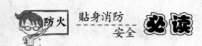
刑罚。子贡以为，弃灰之罪轻，断手的刑罚却太重了。古人为什么这样残酷。孔子认为，不往公道上抛弃热灰是容易做到的，砍断手则谁都厌恶。做容易做到的，不去做令人厌恶的事，因此是可行的。

《韩非子·内储说》还记载，孔子关于对不救火的人主张用刑法。鲁哀公时（494～476年），泽地发生火灾，北风劲吹，眼看要烧到鲁国的都城，鲁哀公很怕，率领臣民赶去救火，但这些人都去追逐野兽，不去救火。问孔子，孔子说，追逐野兽是快乐的事，又不受处罚；救火是苦差事，又得不到奖励。因此，这火灾无法救了。哀公说好，要赏罚严明，孔子又说，事情紧急，来不及赏，如果救火的都赏，把国库的钱全拿出来也不够，按徒刑来处罚为好。哀公同意，于是下令：不救火的人，比照在战争中败退投降的治罪；追逐野兽的，比照闯入禁区的治罪。这个命令一下，还未传到所有的人时，大火已经扑灭了。

此外，儒家还主张建立独立的消防法规。这在儒家重要经典《礼记》中就有"中春以木铎修火禁于国中"，"军旅修火禁"等。

那一座半地穴式的方形小屋，因火灾毁坏后留下的木炭还清晰可见，足以表明是一座比较原始的早期建筑火灾现场遗址的话，那么五千年前甘肃秦安大地湾大型公共建筑遗址，就不仅仅是建筑火灾现场遗址，那些在木柱周围用泥土构筑的"防火保护层"和残存的"防火保护层"中、涂抹于木柱上的一层坚固防火涂料（胶结材料），就更能证明我们的祖先，很早之前就在探索建筑防火的技术，其卓越成就，令今人惊叹不已。

面对防范和治理火灾，古代的思想家、政治家、法家和史家，则一向十分看重。

　　春秋早期在齐国任宰相，并使齐国富强起来，一跃成为春秋"五霸"中第一位"霸主"的政治家管仲，他就把消防作为关系国家贫富的五件大事之一，提出了"修火宪"的主张。春秋晚期儒家的创始人孔子，是我国历史上最著名的思想家，他所作的《春秋》及其后世门人所撰的《左传》，记载了火灾23次，数量之多，居所记各类灾害的前列，开了国史记载火灾的先河。尤其难得的是对宋国、郑国和鲁国防范和治理火灾所采取的消防措施予以详加记述，并突出以人为本的思想。这此，都反应了儒家对防范和治理火灾的重视。

　　战国时的思想家墨子，是墨家的创始人，他注重实践，在《墨子》一书中，不仅包含着力学、光学、声学许多科学原理，而且在防范和治理火灾方面，也有许多独到的主张。他在《备城门》、《杂守》、《迎敌词》等篇中提出许多防火技术措施，既在设置、建造的具体要求，又有明确的数字规定，可以认为，这是我国早期消防技术规范的萌芽。

　　黄帝时代的《李经》，是我国最早的成文法典。到战国时的法家李悝，集各国法之大成，著成《法经》，已经把防范和治理火灾的内容列入"法"的条文。《法经》虽然全文已佚，仅存六篇目录，但这一点则可从以《法经》为蓝本的后世成文法典《唐律疏议》中得到证明。

　　我们祖先在同火灾作斗争的长期实践中，积累了丰富的经验。这种经验的科学概括最早见于《周易》："水在火上，既济。君子以思患而预防之。"东汉史学家荀悦在《申鉴·杂言》中进一步明确提出："防为上，救次之，诚为下"的"防患于未然"的思想。

公元前2070年夏王朝成立迄今四千多年来，历代王朝都把防范和治理火灾的消防工作列为国家管理公众事务的一项重要内容，并建立了相应的管理体制。在封建社会，作为国家最高领导人皇帝，直接过问消防治理，并发布相关的诏书，在发生重大火灾时采取"素服、避殿、撤乐、减膳"等措施，甚至下"罪已诏"以自责，进行"反省"、"修德"，并广开言路，片听臣下的批评和建议。

210 西汉武帝建元六年(前135年)夏四月，汉高祖的陵寝发生火灾，汉武帝当即脱下"龙袍"，穿了五天白色的冠服，反映他对火灾心有恐惧，采取了一种虔诚的自我谴责的第一道"罪已诏"。以后历史王朝的皇帝，继承这一做法。明永乐十八年(1420年)，皇宫三大殿发生火灾后，明成祖在"罪已诏"中以极其沉痛的心情对治国安民的十二个方面进行深刻反省。清乾隆皇帝弘历有关火灾的"上谕"，仅《中国火灾大典》收录的就达54次，为历代皇帝之最。在嘉庆二年(1797年)十月二十一日，乾清宫不慎失火，此时弘历已87岁高龄，身居太上皇位，但他仍承担了主要责任，在"罪已诏"中说"皆联之过，非皇帝之过"。

"御灾防患"，各级地方行政长官职责所在，他们为保一方平安，也曾大力推行"火政"。像汉代成都太守廉范、唐代岭南节度使杜预、永州司马柳宗元，宋代的户县知县陈希亮，明代徽州知府何歆等，因大力推行"火政"，造福人民，"民感之"，史家为他们立传，人民为他们建祠立碑，有的古迹至今犹存。清朝的封疆大臣林则徐，每到一地，发生火灾，必到场参加扑救，更为人们称颂。

在宋朝，管理公众事务的消防治理，最突出的成就在于诞生了世界上第一支由国家建立的城市消防队。这种城市消防队，无论组织形式及其本质，与今天的城市消防队有着惊人的相似之处。这支国家消防队创建于北宋开封，完善于南宋临安，到淳祐十二年(1252 年)临安已有消防队 20 隔，7 队，总计 5100 人，有望火楼 10 座。

中国古代的消防，作为社会治安的一个方面，没有独立分离出来设置专门的机构。从汉代中央管理机构的"二千石曹尚书"和京城的"执金吾"开始，均"主水火盗贼"，或"司非常水炎"、"擒讨奸猾"。消防机构同治安机构始终在一起，也就是水火盗贼不分家。这种始终一体的治安消防体制直到社会分工已相当细化的今天，尽管我国的消防治理已有相当独立的管理范围，但就国家体制而言，消防治理同维护社会治安的各项工作仍由公安部门统一管理，这是中国的一种历史传统。

3. 消防的历史

火对人类有着巨大的贡献。古人发明用火，是第一次能源的发现，从此结束了茹毛饮血的野蛮生活，掌握熟食。它是关系到人类生存、发展、繁衍的大事。没有文字以前，历史流传只靠传说。我国构木为巢的有巢氏，有驯养野兽的伏羲氏，教民耕种的神龙氏，发明文字的黄帝，大禹是治水的圣王，燧人氏教民钻木取火。西方流传火的传播者是普罗米修斯，他窃取天上的火，传给人间，为人类造福，他因此长期遭受天帝的惩罚。然而火的出现，火灾的阴影并始终伴随身后，人类抗御火灾经历与人与自然不断协调的过程并组成一个人与火的历史。

关于火灾的起源问题

这个问题看似简单，但多年来也没有人能说清楚。比较有代表性的观点《防火手册》和《灭火手册》中所说："火灾危害可以追溯到人类在地球上出现之前，由于雷电、火山爆发、自燃等原因引起的火灾，使大片森林草原毁坏"。

灾害学认为，构成灾害必须具备两个基本条件：一是破坏性的力量，二是人类社会。在人类社会诞生前，来自自然的破坏力量，如地震、风暴、火山等，无论规模多大，强度多高，均无灾害可言，因为没有人类社会这个承受体。只有在人类社会诞生以后，来自自然的破坏力量直接危害人类，才形成灾害。因此，灾害具有自然属性和社会属性两重性。

212

自从人类把火种引进天然山洞，从此进入穴居时代。由于天然洞穴本身没有火灾危险，比较安全，但洞穴内必须贮存一定数量的柴薪作燃料，也会用一些枯草树叶供坐垫之用。用火不小心，引起火灾是完全可能的。此外，火山爆发或森林起火也会给人类造成威胁，但由于这类火灾发生频率较低，加之那时人类活动范围很小，碰上这类火灾的机遇更小了。这个时期的火灾情况究竟如何，没有考古资料可以说明。因此，这个时期已经出现了火灾，是从理论上说的。

真正意义上的火灾，是到了新石器时代，人类社会出现房屋建筑以后才出现的。那时的房屋，实际上是用树枝架起来的草棚，在室内用火很容易引起火灾。一座房屋就是一个家庭，因此，那时的火灾，主要是建筑火灾，同时也是家庭火灾。这是大量发掘出来的古人类遗址所证明的。火灾的灾字，是宝盖头下面一个火字，这个古文字就是从火烧墙壁和屋顶的形象转化而来。

我国自古重视火政，并创造了辉煌的成就。但在国家管理公众事务中，向无"消防"之名称。我国消防一词的出现，始于清光绪二十八年(1902年)五月，直隶总督袁世凯"查照西法，拟定章程"，在保定创设警务总局和警务学堂。在《警务学堂章程》中规定："救火灾法别有专门操作，各国名为消防队"。同年八月，袁世凯代表清政府接管天津"都统衙门"，结束了列强在天津两年的军事殖民统治，建立巡警总局，将原有的救火会改为巡警总局消防队。这是我国历史上第一次出现"消防队"的名称，也是由中国政府举办的第一个近代消防队。在此之前，中国城市中已出现了近代消防队，是上海租界工部局火政处，于清同治五年(1866年)7月20日成立的第一救火车队，比天津早36年。"消防"一词，系日本语，在江户时代开始出现这个词。最早见于亨保九年(清雍正二年，1724年)，武州新仓郡的《王人帐前书》，有"发生火灾时，村中的'消防'就赶到"的记载。到明治初期(清同治十二年，1873年)"消防"一词开始普及。但"消防"的根在中国。日本的文字是从中国的汉字演变而来，汉字早在西晋太康五年(284年)就开始传入日本。"消防"一词不仅字形与汉字完全相同，字义也无差别。

213

火灾与消防是一个非常古老的命题。在各类自然火灾中，火灾是一种不受时间、空间限制，发生频率很高的灾害。这种灾害随着人类用火的历史而伴生；以防范和治理火灾的消防工作(古称"火政")，也就应运而生，与人类结下了不解之缘，并将永远伴随着人类社会的发展而日臻完美。

中国消防历史之悠久，从已发现的史实来看，可以说在世界范围内是无与伦比的。

《甲骨文合集》刊载的第583版，第584版两条涂朱的甲骨卜辞，记录了公元前1339～公元前1281年商代武丁时期，奴隶夜间放火焚烧奴隶主的三座奴隶主的三座粮食仓库。这是有文字以来，最早的火灾记录。

事实上，文字出现之前，先民们早已遭到火灾的焚掠。为了生存的需要，我们处祖先早就开始了防范和治理火灾的消防工作。当考古工作者，把一座埋藏在地下数千年的人类居住遗址，发掘并展现在世人面前时，我们惊异地发现，这些居住遗址，简直就是早期建筑火灾的见证。如果说二千年前西安半坡遗址，西汉长安"每街一亭"，设有 16 个街亭；东汉洛阳城内二十四街，共有 24 个街亭。这种需内的街亭，又称都亭。唐代京师长安，没有亭，却建有"武候铺"的治安消防组织，分布各个城市和坊里。这种"武候铺"，大城门 100 人，大坊 30 人；小城门 20 人，小坊 5 人。受左右金吾下属左右翊府领导。在全城形成一个治安消防网络系统。北宋开封"每坊三百步有军巡铺一所，铺兵五人"，显然是唐代"武候铺"制度的继承和发展。元化的正史中未见有"军巡铺"的记载，但在《马可波罗游记中》却有与军巡铺完体相同的"遮荫哨所"。而明朝内外皇城则设有"红铺"112 处，每铺官军 10 人。这些虽然各异，但它们都是城市基层的治安消防机构，相当于今天的公安派出所或警亭。

从元、明、清到中华民国时期，随着经济、社会的发展，火灾也随之增加，而消防治理、消防技术又都与时俱进，不断发展。

数千年的人类历史证明，消防是世界文明进步的产物，社会愈频繁，防范和治理火灾的消防工作愈显重要。

第8章

典型案例分析篇

8.1 居民火灾

8.1.1 黑龙江哈尔滨市道外区南三道街 109 号居民住宅楼火灾

2005 年 10 月 11 日 1 时 32 分，黑龙江省哈尔滨市道外区南三道街 109 号居民住宅楼发生火灾，死亡 13 人，重伤 3 人，受灾 84 户，直接财产损失 210.8 万元。

1. 基本情况

哈尔滨市道外区南三道街 109 号居民楼，始建于 1917 年，是一栋"回字形" 3 层砖木结构的建筑，建筑面积 2055 平方米，间壁墙为木板夹锯沫结构，木制楼板，木制人字形屋架，设有闷顶，铁皮房盖，楼梯为室外环形木制楼梯，此建筑属四级耐火等级。楼内居住着 84 户居民，共 211 人。建筑物院内有私建乱建的平房和板棚，堆放着供取暖用的大量木材和废旧油毡纸、纸壳箱等可燃物，还摆放着自行车、人力三轮车、摩托车等物品。该建筑位于建筑密集的居民区内，北侧与两栋砖木结构居民楼相连；南侧与一栋两层砖木居民楼和近 3000 平

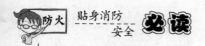
方米棚户区相连；东侧与一栋2层和一栋3层的老式砖木居民楼相邻；西侧为南三道街。通往南三道街的门洞是该建筑惟一的出入口。

该居民楼为消防安全三级管理单位，归哈尔滨市道外公安分局靖宇派出所管理。派出所曾对该居民楼的防火工作进行检查，并多次对居民进行消防安全教育。

2. 火灾损失

火灾死亡13人，重伤3人，受灾84户，直接财产损失210.8万元。

3. 火灾原因

经调查，认定火灾为放火所致，依法送达了火灾原因认定书，并移交刑侦部门。

4. 主要教训

一是建筑物耐火等级低，多为上世纪五六十年代建筑的砖木或木结构建筑，建筑密度大，建筑内居民私自搭建阁楼、棚厦，且多为木质，造成该区域内可燃物多，起火后蔓延快，不易控制。

二是居住拥挤，生活条件差，有许多居民仍使用木柴作为燃料，违章占道搭盖棚厦的情况严重。

三是区域内以及周边道路狭小，消防车无法驶入，影响灭火行动的展开。

四是电气线路老化，情况十分严重。

五是部分棚户区在布局上不合理，将工厂、仓库、居民住宅混在一起。这类地区一旦发生火灾，燃烧非常猛烈，火势蔓延很快，极易产生飞火，形成多个火点，在很短时间内，就会达到相当大的燃烧面积，对群众的生命和财产造成极大的威胁。

六是居民防火意识淡薄，消防知识匮乏，许多居民缺乏基本自救常识，在火灾发生后不知所措，有的为抢救财物返回火场被烧死，有的跳楼导致伤亡。

8.1.2 天津河西区瑞江花园梅苑 13 号楼火灾

2005 年 1 月 28 日，天津市河西区解放南路瑞江花园梅苑13 号楼 2 门 501 单元发生管道天然气爆燃事故，造成 1 人死亡，2 人受伤，直接财产损失 111.6 万元。

1. 基本情况

2005 年 1 月 28 日 6 时 55 分许，瑞江物业保安员赵某正在瑞江花园竹苑 2 号岗亭内值班，突然听见一声巨响，赶紧跑向事发地点，发现梅苑 13 号楼 2 门 5 楼坍塌，立即用对讲机向班长张某报告情况。张某在保安队部分别向"110"、"119"报警。

瑞江花园梅苑 13 号楼于 2001 年 8 月建成，建设单位为天津房地产发展(集团)股份有限公司，物业管理单位为天津市天房物业管理有限公司瑞江小区物业管理中心。该建筑为砖混结构，地上 5 层，共分 4 门，每层两户。事故现场为瑞江花园梅苑 13 号楼 2 门 501 单元，为一室一厅，南北朝向，建筑面积72.18 平方米。

2. 火灾损失

该起火灾事故造成 1 人死亡，2 人受伤，共 4 户居民房屋及室内物品严重受损，有多户居民门窗玻璃不同程度破损，直接财产损失 111.6 万元。

3. 火灾原因

经调查，认定爆燃事故的原因为该单元所使用的天然气灶

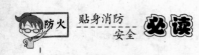
具进气管与胶管的连接处发生脱落，导致天然气泄漏与空气混合达到爆炸极限，遇电气火花所致。

8.2　商(市)场火灾

8.2.1　吉林省吉林市中百商厦火灾

2004 年 2 月 15 日 11 时许，吉林省吉林市中百商厦发生火灾，公安消防部队先后调集 60 辆消防车、320 名消防人员赶赴现场。经过近 4 个小时的奋力扑救，于当日 15 时 30 分扑灭大火。火灾过火面积 2040 平方米，造成 54 人死亡，70 人受伤，直接财产损失约 426 万元。

1. 基本情况

2004 年 2 月 15 日 11 时许，吉林市中百商厦北侧锅炉房锅炉工李某发现毗邻的中百商厦搭建的 3 号库房向外冒烟，于是便找来该库房的租用人——中百商厦伟业电器行业主焦淑贤的雇工于洪新来用钥匙打开门锁，发现仓库着火。他们边用锹铲雪边喊人从商场几个楼层里取来干粉灭火器扑救，未能控制火势。火灾突破该库房与商厦之间的窗户蔓延到营业厅。此时营业厅内人员只顾救火和逃生，没有人向消防队报警。直到 11 时 28 分，吉林市公安消防支队调度指挥中心才接第一个报警电话。大火于 15 时 30 分被扑灭。灭火救援中消防官兵共抢救疏散出 190 人(生还 136 人，死亡 54 人)。其中，利用曲臂举高消防车救出 31 人，15 米拉梯救出 28 人，两节拉梯和挂钩梯联用救出 74 人，救生绳、担架、棉被、床单等工具救出 49 人。

中百商厦位于吉林市船营区长春路53号。该商厦建筑设计为四层（因一层架高6米，中间建有钢结构回廊，设有摊位，人们日常称其为五层），二级耐火等级建筑，建筑高度20.65米，长53.3米，宽20.4米，总建筑面积4328平方米。一、二层（含回廊）为商场，主要经营食品、日杂、五金、家电、钟表、鞋帽、文体用品、化妆品、箱包、针织、服装、布匹、床上用品、工艺品、小百货等；三层为浴池，四层为舞厅和台球厅（其中舞厅886.05平方米，可容纳240人，台球厅100平方米，可容纳30人）。火灾发生时，商厦一、二层有从业人员和顾客350余人，三层有浴池工作人员及顾客约30人，四层有舞厅工作人员及顾客60余人，台球厅工作人员及顾客近10人，总计450余人。

该商厦为国营企业，隶属于吉林市商委，实行出租摊铺经营，共有经营户146户。商厦东西两面均为建筑工地，北面为贴邻搭建的高度2.7米、长42米的仓房和锅炉房，南面15米为长春路。该建筑内东西两侧各设一部宽3.3米的疏散楼梯，总疏散宽度为6.6米，一层有直通室外的安全出口3个。该商厦按国家消防技术规范要求，设有8个室内墙壁消火栓、1个90立方米的消防水池、配置ABC干粉灭火器36具，设置了安全疏散指示标志21个，应急照明灯具17个。

2. 火灾损失

此次火灾共造成54人死亡（男28人、女26人），其中烧死3人，窒息死亡42人，坠楼死亡9人。70人受伤，其中，男性34人，女性36人，重伤14人。过火面积2040平方米，直接财产损失426.4万元。

3. 火灾原因

火灾发生后，国务院、省、市有关部门立即组成了联合调

查组，经过近一个月的紧张工作，审查、调查事故相关人员416 人(次)，形成询(讯)问笔录 316 份，查清了火灾原因，核定了火灾损失，及时控制了涉嫌刑事犯罪的嫌疑人。确定火灾直接原因是中百商厦伟业电器行雇工于洪新在当日 9 时许向 3 号库房送纸板时，不慎将嘴上叼着的烟头掉落在地面上(木板地面)，引燃地面可燃物引起的。

4. 主要教训

尽管该商厦消防设施比较完备，消防组织和制度健全，也制订了灭火和疏散预案，但通过火灾暴露出的问题仍很突出。一是没有按照《消防法》的有关规定和《机关、团体、企业、事业单位消防安全管理规定》要求，认真落实自身消防安全责任制。火灾发生后没人及时报警，也没有及时组织人员疏散。二是没有认真履行《消防法》第十四条第二项关于单位应当组织防火检查，及时消除火灾隐患等消防安全职责。对于当地公安消防部门指出的违章搭建仓房造成的火灾隐患，没有按照要求认真整改消除。对仓房与商场之间相通的 10 个窗户，仅用砖封堵了东西两侧 6 个，中间 4 个用装修物掩盖了事。三是没有组织开展灭火和应急疏散实地演练，以致火灾发生后，员工惊慌失措，造成 54 人死亡。

8.2.2 河南郑州市敦睦路针织商品批发市场火灾

2005 年 3 月 5 日，河南省郑州市敦睦路志华精品城 1 号楼针织商品批发市场，因日光灯镇流器过热引燃导线及附近的可燃物发生火灾，死亡 12 人，直接财产损失 23.2 万元。

1. 基本情况

2005 年 3 月 5 日 2 时许，河南省郑州市敦睦路志华精品城1号楼当晚值班人员寇某在睡觉时听到物品掉落的声音后，发现王某商品储存间上部的货物燃烧，就用灭火器扑救，但未能扑灭。随后他打开门跑到地下室叫醒睡在地下室的商户李某，并用电话报警。

郑州市敦睦路针织商品批发市场位于敦睦路东侧的服装中心1号楼，该楼南北长48米，东西宽15.3米（北长边长15.3米，南短边长6米），东边呈不规则三角形布置，座东朝西，西临敦睦路，南临敦睦路服装批发市场，北与敦睦路服装中心连成一片，东邻二七纪念堂和二七纪念堂办公楼（一楼为服装店，二楼以上为办公楼）。该建筑共5层（地上4层，地下1层），建筑总面积为3900平方米，地下一层至地上二层为针织品批发零售，三、四层为针织服装仓库，二层和三层中间均有木板墙分隔，南北不相通。产权单位4家：二七纪念堂、市第八服装厂、市晒图厂和三力公司，经营单位有两家：郑州市志华服装精品城、内衣批发总汇。两家经营单位均分4层，各占一半。

2. 火灾损失

火灾造成12人死亡，直接财产损失23.2万元。

3. 火灾原因

此次火灾系一楼大厅东北角王胜文商品储存间内的日光灯镇流器过热引燃导线及附近的可燃物所致。

4. 主要教训

（1）从发生火灾单位自身内部的原因来看，主要教训有以下几个方面：一是经营业主消防法制观念极其淡薄，思想麻痹，侥幸心理严重，对公安消防机构责令停产停业的处罚决定长期置若罔闻，消防安全措施不落实，火灾隐患久拖不改，最终酿患成灾。二是经营单位严重违反消防安全管理法律法规，擅自改变建筑结构，对营业楼内部进行实体分隔，造成楼内每个防火分区只有一个疏散楼梯，发生火灾时，住在三楼的员工无法顺利疏散逃生。三是违章在楼梯内部和多数窗口设置铁栅栏门、防盗铁窗，营业大楼外部全部用铁皮包裹设置大型广告牌，将窗口遮挡得严严实实，严重堵塞消防安全疏散通道，导致被困在火场中的员工无路可逃。四是经营单位违反消防安全管理规定，擅自将员工集体宿舍和仓库同设在市场内部，是造成这次火灾死亡惨重的重要原因。五是员工上岗前未经消防安全培训，不懂得基本的逃生自救安全常识。这次火灾中死亡的12人，有11人为女性，其中10名女性为14～23岁的年轻人，全部是经营业主2005年春节前从禹州市农村带来的，上岗前均未经过单位消防安全培训，在火灾发生时惊慌失措，错过了宝贵的逃生时间。六是对《机关、团体、企业、事业单位消防安全管理规定》落实不力，消防管理混乱，多产权、多经营户的消防责任不落实。七是连体商场、市场任意扩大防火分区，在两栋建筑物之间任意搭建建筑，无足够防火间距，致使火灾蔓延迅速。

（2）从这次火灾发生的社会原因来看，主要教训有以下几个方面：一是消防工作责任制在相当多的单位尤其是非公有制单位还没得到很好的落实，社会单位的消防责任主体意识没有得到有效确立，对火灾的危害性缺乏应有的警觉，存在着严重的麻痹侥幸心理，依赖于公安消防部门的监督检查，消防工作缺乏自觉性和主动性。二是多产权、多经营单位建筑，产权单位之间、产权单位与经营单位之间、以及各经营单位之间消防责任不明确，职责不清楚，管理混乱，为了自身经济利益，随意封堵、分割、占用、锁闭安全出口、消防通道，造成发生火灾时被困人员无法逃生。三是消防培训未列入保安服务机构对保安人员的业务技能培训范围，相当多的保安人员不懂消防安全知识，造成"保安不能真正保安全"的现象。

8.2.3 湖南常德市鼎城区桥南市场火灾

2004 年 12 月 21 日，常德市鼎城区桥南市场发生特大火灾，伤 23 人，过火建筑面积 83276 平方米，直接财产损失18758.01 万元。

1. 基本情况

2004 年 12 月 20 日 16 时 26 分，常德市鼎城区桥南市场突然停电(21 日 7 时市场恢复供电)，桥南宾馆地下一层电子通讯城的武陵镇新华电子通讯器材供应站 9561 号门面(以下简称9561 号门面)没有关闭门面内的总电源和拔掉电视机、摄像头的插头、关闭照明灯具开关。17 时 30 分，9561 号门面上部冒烟，火光从卷闸门的缝隙及西北角破损处映出。

桥南市场由鼎城区政府大桥南经济开发区管委会(以下简称市场管委会)和桥南市场开发总公司经营管理，该市场主要由工贸城、家电城、轻纺城、副食品城等多个独立的市场组成，年成交额近 35 亿元，年利税近 4000 万元。工贸城是桥南市场最主要的组成部分，为 20 栋 2 层钢筋混凝土框架结构建筑，后扩建为 3 层，占地面积约 2.2 万平方米，建筑面积达到6.4 万余平方米，共有门面和摊位 6200 多个，分为 7 个交易区，主要经营日用百货、服装鞋帽、文体用品、电子通讯器材等，批发零售兼营，从业人员万余人。桥南宾馆同属桥南市场开发总公司经营管理，其半地下层和一、二层为市场工贸城的第七交易区。

　　工贸城初建时属于典型的"三边"工程。1994年以后，为追求经济效益，市场经营管理部门占用防火间距和疏散通道，增设摊位出售，并在建筑物之间的通道上方用PVC透光板搭建罩棚，使20栋建筑物连为一体。当时存在的主要火灾隐患有：(1)无防火分区；(2)未安装火灾自动报警和自动喷水灭火系统；(3)消防用水严重不足，灭火器材缺乏；(4)消防疏散通道堵塞；(5)大量采用易燃可燃材料装修；(6)消防安全管理混乱、乱拉乱接电气线路、违章用火用电、违法经营易燃易爆化学危险物品现象严重。截至1998年，在公安消防部门多次检查督促下，该市场仅改造了电气线路，加强了用火用电的管理，增加了部分灭火器材，而主要火灾隐患依然存在。直到2001年12月工贸城三层扩建时，才将整体增设火灾自动报警系统和自动喷水灭火系统、改造室内外消火栓系统、建造消防水井及泵房、设置防火隔墙、安装防火卷帘和设置消防控制中心等内容纳入整改计划一并实施。2003年1月，在重大火灾隐患尚未整改完毕，扩建工程未报经消防验收的情况下，扩建的三层擅自投入了使用。至火灾发生前，该市场火灾自动报警系统没有调试开通，自动喷水灭火系统未交付使用，防火分隔设置尚未达到消防技术规范要求。

2. 火灾损失

　　此次火灾过火建筑面积83276平方米，烧毁3220个门面、3029个摊位、30个仓库，桥南宾馆、商业招待所部分烧损，受灾5200余户。核定火灾直接财产损失为18758.01万元，其中建筑损失3621.8万元，设备损失1471.9万元，商品损失13664.3万元。此外，这起火灾还造成8名消防官兵、15名群众受伤。

3. 火灾原因

起火原因系桥南宾馆地下一层电子通讯城武陵镇新华电子通讯器材供应站 9561 号门面内通电状态下的 14 英寸彩色电视机内部故障引起火灾。

4. 主要教训

桥南市场开发总公司违规建设，违法经营，重大火灾隐患久拖未改，内部管理混乱，没有有效组织初起火灾的扑救，是酿成这次特大火灾的根本原因。该公司依仗是区政府所属企业，对当地公安消防机构依法检查提出的整改意见及作出的责令停产停业处罚决定置若罔闻。甚至对市政府要求的 2004 年 3 月底前和 2004 年 12 月 20 日前两次整改完毕的期限也不执行。发生火灾时，该单位没有及时发现，也没有组织对初期火灾的扑救，以致酿成特大火灾。

225

8.3 公共娱乐场所火灾

8.3.1 广东中山市坦洲镇檀岛西餐厅酒吧火灾

2005 年 12 月 25 日，广东省中山市坦洲镇檀岛西餐厅"老虎吧"发生火灾，造成 26 人死亡、11 人受伤，直接财产损失 11.6 万元。

1. 基本情况

2005 年 12 月 25 日 23 时，酒吧车辆管理人员保安黄某从门口走进酒吧看抽奖时，发现舞池灯架上有一点火光，便告诉林某，然后跑出门口拿水喉救火；酒吧对面宝艺商场的业务管理员罗某看见老虎吧内有人从门口跑出来，几秒钟后便听到爆

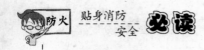
炸声并看见一条火龙从大门上方向外喷出，于是立即用手机拨打"119"电话报警。

起火单位所在建筑物为林汉龙综合楼，该楼总建筑面积3254平方米，占地面积700平方米，为"L"型连体建筑。檀岛西餐厅酒吧位于林汉龙综合楼的西南侧首层，包括夹层在内共有建筑面积241平方米，其中夹层面积126平方米。建筑物北楼为万泰中周厂员工宿舍；南楼沿文康路，首层东部为檀岛西餐厅，西部为老虎吧，二层为保龄球馆，三层为电子加工车间，四、五层为林汉龙私人住宅。经调查，檀岛西餐厅是由林汉龙等人将原来用作商铺的场所改建而成，酒吧于2003年6月开始营业。

2. 火灾损失

火灾造成酒吧内的顾客26人（其中男21人，女5人）死亡、11人受伤，烧毁酒吧室内装修及内部电器设备一批，过火面积241平方米，直接财产损失11.6万元。

3. 火灾原因

火灾发生后，广东省消防总队有关领导与公安部火灾事故调查专家联合展开了火灾原因调查工作。通过对火灾现场的勘查，根据有关碳化、变色、烟熏等蔓延痕迹体系及证人证言，认定起火部位位于该酒吧舞池灯架上方的灯光音响处，排除了放火和用火不慎、自燃、吸烟等微弱火源及电气线路自身故障等因素，认定火灾原因是灯架上的灯具等设备引燃周围可燃物所致。

4. 主要教训

一是檀岛西餐厅酒吧经营者法律观念淡薄，未履行法定消防安全职责。檀岛西餐厅酒吧经营者擅自改变原场所的使用功能，擅自增加营业项目，2003 年 6 月投入使用后，也未向公安消防部门申报室内装修和开业前的安全检查，未到工商行政管理部门进行登记，无证非法经营，严重违反国家法律法规的规定，未正确履行法定消防安全职责，疏散楼梯、疏散宽度、火灾事故照明、疏散指示标志以及装修装饰材料不符合要求，以及未设置外开式窗户，通风条件差，营业时安全出口的疏散门也基本上处于关闭状态，导致火灾蔓延迅速，被困人员疏散极端困难，有毒烟气难以及时排除，短时间内空气与有毒烟气的混合气体温度和有毒烟气浓度急剧升高、氧气浓度急剧降低，酿成了这起严重的群死群伤特大火灾事故惨剧。

227

二是顾客的消防安全意识淡薄和自防自救能力较低。火灾发生初期，酒吧里的顾客大部分没有意识到火灾的危险性，未能迅速向室外疏散逃生，其中一些人还以为是圣诞节特别表演的活动，还在看热闹，还有一些人本已经逃到室外，还返回酒吧内寻找朋友，以至最终付出惨痛的生命代价。

8.3.2　广西南宁市南国明珠歌剧院火灾

2005 年 5 月 21 日，广西壮族自治区南宁市南国明珠歌剧院发生火灾，直接财产损失 187.5 万元。

1. 基本情况

南国明珠歌剧院位于南宁市民主路 20 号南宁市工人文化宫内。该剧院共 2 层，局部 3 层，建筑面积 2650 平方米，为钢筋混凝土框架结构，钢网架屋顶。一层为 KTV 包厢（共 15 间）、大厅，大厅为直通钢网架屋顶的大厅；二层为 KTV 包厢（共 21 间）；一层与二层合为 1 个防火分区。建筑东、北面 1～3 层为独立设置的员工住宅，设为独立防火分区。歌剧院

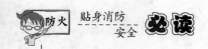
东面与停车场距离 12 米，南面为公路，西面与大排档距离 7.8 米，北面与业余团队活动中心距离 16 米，歌剧院 200 米范围内有 7 个室外消火栓，消防水源充足。歌剧院内各层均设置有室内消火栓，自动喷水灭火系统，火灾自动报警系统。南国明珠歌剧院未投保。

2. 火灾损失

火灾造成整个歌剧院大厅及 22 个包厢过火，过火面积 1800 平方米，烧毁中央空调、灯光音响设备、家具、装修材料一批，直接财产损失 187.5 万元。

3. 火灾原因

经调查，认定火灾原因系南国明珠歌剧院内大厅舞台后部南墙上安装的电气线路短路打火，喷溅的短路熔珠引燃下方可燃物所致。

4. 主要教训

一是消防管理混乱。南国明珠歌剧院因经济纠纷多次转租，南宁市工人文化宫、南国明珠歌剧院、好地演义城之间消防安全职责不明确、消防隐患整改资金落实不到位。

二是消防隐患严重。多次转租中多次装修，多次变更电气线路，线路敷设极不规范，并因电气线路敷设不符合规范等隐患未按期整改而被责令停业。而就在火灾发生前歌剧院还在增设顶棚可燃隔声材料。

8.4　宾馆饭店火灾

8.4.1　广东汕头市潮南区华南宾馆火灾

2005 年 6 月 10 日，广东省汕头市潮南区峡山街道华南商

228

贸广场华南宾馆发生火灾，造成 31 人死亡，28 人受伤，直接
财产损失 81 万元。

1. 基本情况

6 月 10 日 11 时 45 分，华南宾馆服务员卞某在二层工作
时闻到电线烧焦的味道，同时在场的领班苟某、服务员吴某、
收银员邓某等发现二层金陵包厢门口通道吊顶上向下冒烟，苟
某随即拉闸断电，由于施救不力，火势迅速向四周蔓延。

华南宾馆位于汕头市潮南区峡山街道华南贸易广场第九街
46～50 号，距汕头市区 45 公里，为四层钢筋混凝土结构，占
地面积 2000 平方米，总建筑面积 8000 平方米。1994 年 1 月
由经纬集团华南广场开发有限公司董事长陈经纬（港商）投资兴
建，同年 9 月竣工，当时设计为办公商务用房，产权属经纬集
团所有。1995 年和 2003 年先后进行两次内部装修后，改建成
综合性宾馆。该建筑设有 3 个直通楼顶平台的楼梯，首层为宾
馆大堂、餐厅、棋牌室、洗脚健身中心；二层为带娱乐功能的
餐厅包厢；三、四层为客房。

2. 火灾损失

火灾造成 31 人死亡（男 1 人，女 30 人，其中跳楼致死 3
人，窒息死亡 28 人），28 人受伤（男 16 人，女 12 人，其中消
防官兵 10 人）。烧毁内部装修、家具、电器等物品一批，过火
面积 2800 平方米，直接财产损失 81 万元。

3. 火灾原因

经过公安部火灾事故调查专家和当地刑事技术人员及火灾
事故调查人员对现场进行反复勘查、清理，根据燃烧痕迹特征
和证人证言，最终认定广东汕头华南宾馆"6·10"火灾原因
系二层金陵包厢门前吊顶上电气线路短路故障，引燃可燃物

所致。

4. 主要教训

一是宾馆消防安全责任制不落实，业主消防安全法制意识淡薄，严重违反消防法律法规。从 1993 年土建开始，到 1996 年和 2003 年共两次室内装修，该建筑的业主均未依法向消防部门申报建筑消防设计审核和验收，擅自施工并投入使用。2003 年该宾馆重新装修后，也未依法向消防部门申报消防安全检查。该宾馆存在严重的火灾隐患，建筑内部使用大量可燃装修材料，消防疏散通道和安全出口不符合要求，未设置自动喷水系统等建筑消防设施。

二是旅客消防安全素质不强，从业人员缺乏基本的消防安全常识。火灾发生时，宾馆服务人员没有及时报警，没有及时扑救，没有及时采取有效措施组织人员疏散，导致三、四层的住客因不知起火情况而受到浓烟包围未能及时逃生。宾馆住宿人员缺乏消防安全常识和逃生技能，部分人员不懂火灾现场的自防自救，被火场浓烟熏死。

三是火灾报警迟缓，延误了灭火救人的最佳时机。根据调查取证，该起火灾的发生时间为 11 时 45 分左右，但该宾馆从业人员并没有及时报警，大约 30 分钟后（即 12 时 15 分），消防队才接到途经路人的电话报警；消防队到场时，火势已一发不可收拾，浓烟滚滚，处于猛烈燃烧阶段，为及时有效抢救被困人员带来了很大困难。

8.4.2　北京市朝阳区京民大厦火灾

2004 年 6 月 9 日 15 时 56 分，位于朝阳区华严里 10 号的北京市军队离休退休干部活动中心京民大厦西配楼一层发生火灾，造成 11 人死亡、37 人受伤，直接财产损失 81.9 万元。

1. 基本情况

大厦游泳馆南门口处工人进行防水作业时，距其 6 米处的西南角从上方落下电气焊焊花，引燃了一层地面上的聚氨酯防水涂料起火，并迅速蔓延。

北京市京民大厦位于朝阳区华严里 10 号，占地面积 12000 平方米，建筑面积 33000 平方米。火灾事故现场系京民大厦西配楼（军队离退休老干部活动中心游泳馆），该建筑共四层，建筑面积为 4000 平方米，一、二层为游泳馆，三层为职工食堂，四层为职工宿舍，该建筑系钢混结构。因京民大厦被列为奥运接待场所，大厦领导决定对游泳馆进行改造。

2. 火灾损失

此次火灾共造成 11 人死亡，37 人受伤。过火面积 500 余平方米，烧毁建筑、装修材料和部分设备等物品，直接财产损失合计 81.9 万元。

3. 火灾原因

起火当日 13 时许，锐标公司瓦木油工队长田和朋安排 4 人在游泳馆东侧为地面刷聚氨脂防水涂料；15 时许，该公司电焊队长陈宝东带领其他 4 名民工在二层北侧平台焊装平台栏杆。由于违章电焊与防水施工交叉作业，焊接熔渣坠落至一层刚刚涂刷的防水涂料上，致使防水涂料轰燃起火。

4. 主要教训

由于该项目的建设单位京民大厦未依法向行政主管部门申请行政许可，且属营业性室内装修，相对隐蔽，致使行政主管部门无法对其施工行为依法进行监督管理。

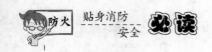
8.5 厂房、库房火灾

8.5.1 浙江平阳县温州辉煌皮革有限公司火灾

2004 年 7 月 28 日 19 时 20 分，位于浙江省平阳县水头镇金山路 80 号的温州辉煌皮革有限公司，因砂边机作业时产生的火花引起皮带粉尘阴燃起火造成火灾，烧毁厂房 2033 平方米，死亡 18 人，伤 12 人，直接财产损失 98.5 万元。

232

1. 基本情况

温州辉煌皮革有限公司位于浙江省平阳县水头镇金山路 80 号，是一家生产皮带的中外合资企业。该单位东面与平阳县第二人民医院相邻，南、北与民房毗邻，西靠民房并有惟一进出通道与金山路相连。被火烧的建筑为该单位生产厂房和简易仓库，厂房主体为钢筋混凝土框架结构，局部为钢架结构的混合结构建筑(主体三层，木制人字架瓦片屋顶；局部四层为简易房)，坐东朝西，东侧长 32.4 米，北侧长 17.5 米，西侧长 28.8 米，南侧长 14.5 米；厂房南侧为三层钢结构厂房，东西长 26.5 米，南北宽 7 米。

主体厂房于 1996 年 9 月改建完毕投入使用，从北向南第 1 根柱子至第 9 根柱子为钢筋混凝土结构，第 9 根柱子至南面墙为钢结构。功能布局：一层为包装车间、成品仓库、发电机房、机修房、样品间；二层为冲床、砂边、油边、烙印、品检、缝线；三层为拼皮、削边、切边、涂胶、粘合、冲眼工序；三层平屋顶局部搭建钢结构简易棚屋为喷光工序；同时该厂房主体一层东面，紧靠东面外墙的水沟上方搭建一层钢结构简易棚屋作为仓库堆放纸箱、库存皮带、半成品皮带的仓库使用；西面搭建的单层钢结构棚屋，作为仓库使用。

2. 火灾损失

此次火灾共造成18人死亡，12人受伤，均为该厂工人。直接财产损失共计98.5万元，其中建筑物损失19.47万元、原材料损失11.56万元、成品损失32.12万元、半成品损失11.1万元、机器设备损失12.2万元及其他财产损失12万元。

3. 火灾原因

此次火灾系砂边机作业时产生的火花使皮带粉尘阴燃起火并扩大成灾。

4. 主要教训

一是发现迟，报警晚，火势发展迅猛，受困人员得不到及时疏散和救助而造成大量伤亡。

二是建筑物内大量堆放的可燃物主要为PU（一种树脂）、再生革、半成品皮及包装纸板箱，在二层车间存放有生产使用的15公斤溶剂10余桶，这些可燃物在火灾发生时极易造成火灾蔓延，并产生强烈的热辐射和有毒气体，致人死亡。

三是建筑物耐火等级低，三层木屋架顶及简易钢结构在火灾中很快坍塌。

四是建筑内部疏散楼梯均为敞开楼梯，且与升降梯布置在一起，并堆有大量的可燃物，火灾发生后，不但不能作为人员疏散的通道，反而成了火和烟气垂直蔓延的主要途径，使人员无法安全逃生。

五是室内疏散通道狭窄，部分通道被大量的货物阻塞，造成人员逃生困难。三层西侧有五具尸体靠近在一起，该部位通道狭窄被堵而致人死亡。

六是防火间距不足被占用，严重影响人员疏散和灭火救援行动的顺利开展，并使大量的浓烟从起火部位往车间内扩散。

七是该公司未按有关规范要求配备足够的消防器材和消防设施，致使初期火灾无法得到有效的控制。

八是该公司未按生产工艺流程制定切实有效的消防安全制度，未落实消防安全责任，未组织开展消防安全知识培训教育，消防责任人、消防安全管理人及员工消防安全意思淡薄，火灾发生后员工不懂如何组织灭火和如何逃生自救。

九是该公司未组织开展切实有效的消防安全自查自纠工作，对违法违规行为和火灾隐患未及时消除。建筑工程施工前未将消防设计报经公安消防部门审核同意，竣工后未经消防验收擅自投入使用。

8.5.2　广东惠州市 LG 电子(惠州)有限公司第三厂房火灾

2004 年 10 月 5 日，广东省惠州市仲恺高新技术产业开发区 14 号小区的 LG 电子(惠州)有限公司第三厂房因违章操作引发火灾。过火面积 20952 平方米，2 名员工在扑救火灾中殉职，4 人受伤，直接财产损失 3440.4 万元。

1. 基本情况

LG 电子(惠州)有限公司是韩资企业，着火厂房是该公司租用惠州市彩煌科技有限公司的一栋厂房。该厂房是一栋三层建筑，一、二层为钢筋混凝土结构，三层为钢结构临时搭建仓库，总建筑面积 20952 平方米，主要用作 DV 音响、MP3 等电子产品生产、包装车间和成品、半成品仓库。建筑内设有临时高压消防给水系统，每层设有 10 个室内消火栓，厂区内设有 5 个室外消火栓。该厂房东面为厂区绿化带，南面为公路，西面为 TCL 升华厂房，北面为 LG 公司 2 栋员工宿舍楼。

2. 火灾损失

在扑救初起火灾和抢救公司财产中，共造成 2 人死亡，4 人受伤。直接财产损失 3440.4 万元，其中资材（原材料）损失 1098.6 万元、成品（半成品）174.3 万元、制品 1276.6 万元、生产设备 208.8 万元、机械设备 226.2 万元、房屋构筑物 455.9 万元。

3. 火灾原因

起火原因为惠州市华俊装饰工程有限公司电焊工人欧春贵在首层雨棚底下进行电焊作业时违章操作，电焊火花引燃旁边包装泡沫堆垛成灾。

4. 主要教训

一是擅自改变厂房原防火分区。该厂房在建成竣工后，一、二层按要求设置了防火墙将每层分隔成 2 个防火分区，防火墙的门采用了甲级防火门。2003 年 4 月份彩煌科技有限公司根据生产的需要，擅自将第二层厂房的防火墙拆除。2004 年 7 月，在厂房装修过程中将首层防火墙拆除，导致火灾发生后迅速蔓延。

二是违章搭建。第三层钢结构临时仓库和首层室外雨棚，均未办理消防审核、验收手续，属违章搭建。第三层搭建仓库增加了火灾荷载，增大了火灾损失，在发生火灾 1 小时后钢结构仓库倒塌，给火灾扑救带来极大的困难。建筑两边违章搭建的雨棚，占用了厂房两边的消防车通道，严重阻碍了火灾扑救工作，雨棚下面用作隔热的 PU 发泡板是易燃材料，火灾发生后，PU 发泡板很快着火，并将火势由室外引向室内，造成火灾的迅速蔓延。

三是市政消防水源不足。该厂区周围市政消火栓缺乏，最近市政消火栓距火场还有 2.5 公里，且水压不足，火场用水只能从距火场 1 公里的 LG 总厂水池取水，通过消防车串联供水，致使大部分参战力量用于供水，削弱了战斗力。

四是厂区内消防供电不规范。该厂房设置有地下消防水池和水泵房，消防水泵在初期采用了单独的供电回路，但在三楼临时仓库搭建过程中，建设单位将厂房三楼部分照明和电梯用电线路接在消防水泵房供电回路上。发生火灾后，厂内照明电路短路，消防水泵无法供电，造成厂内消火栓无法使用，影响了火灾扑救。

五是 LG 电子(惠州)有限公司消防安全意识淡薄，内部消防安全管理不到位。市开发区安全生产监督部门和开发区管委会先后对 LG 新、旧工厂进行了多次检查，发出了 3 份整改通知书，但均未采取整改措施。在火灾发生后未能立即报警，延误了火灾扑救时机。

8.5.3 四川宫阙老窖集团有限公司酒库火灾

2005 年 8 月 4 日 9 时 59 分，位于四川省泸州市龙马潭区长安乡张咀村的四川宫阙老窖集团有限公司酒库 3 号储酒罐因静电发生爆炸燃烧事故，造成 6 人死亡，1 人重伤，直接财产损失 479 万元。

1. 基本情况

2005 年 8 月 4 日上午，该公司职工刘某等人在公司领导的安排下，从储酒库房内 11 号罐、2 号罐向 3 号罐倒酒。9 时 59 分，刘某揭开 3 号罐盖查看输酒情况，在将该盖放回罐口时的瞬间，3号罐发生爆炸燃烧。整个罐体飞出500余米远，随即两个罐区及紧邻储罐区的包装车间底楼成品库(该车间3楼有8个成品酒储罐)全部着火燃烧，紧邻3号罐的13号罐发生变形，18个储罐发生严重泄漏。

四川宫阙老窖集团有限公司位于龙马潭区长安乡张咀村，即泸永公路(泸州至重庆永川)29公里＋200米处，远离城镇。公司建于2003年9月，属私营企业，2005年7月参与保险。该公司坐东南向西北，西北面与泸永公路相连，其余三面用围墙与周围农田分隔，占地面积23亩，建筑面积6000余平方米。公司内有办公大楼、生产车间、包装车间、露天储罐区、储酒罐库房、原料库房及职工宿舍、值班室等生产、储存、办公和生活建筑设施，其露天储罐区设有30个储罐、储量250余吨，储酒罐库房设有25个储罐、储量2900余吨。厂区内设有1个室外消火栓和2个室内消火栓，从市政给水管网接入，其西北面公路边还有一个14亩的鱼塘。

2. 火灾损失

火灾造成6人死亡(均为正在罐区作业的工人)，1人重伤，过火面积4000余平方米，直接财产损失479万元。

3. 火灾原因

经调查访问、现场勘察、提取物证检验、提取资料分析、专家分析论证等认定该爆炸燃烧事故的原因是：当班职工在采用塑料管向3号罐顶部罐口内灌注原度酒、揭盖罐盖时，由于原度酒液的喷溅、冲刷、摩擦等作用，产生静电放电，引起罐体上部内、外空间乙醇蒸气与空气形成的混合性爆炸性气体爆炸燃烧。

4. 主要教训

一是乡镇供水、供电系统不完善，虽然安装了消火栓，但

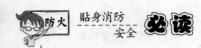

发生事故后供电、供水均停，导致消防设施无法使用，直接影响灭火救援。

二是审核项目在施工过程中抽样性检查不及时。主要表现在实际建设规模、间距和使用等情况与审核意见不符。

三是国家对白酒行业的安全消防事故工作没有专门的技术规范，有关部门在监督管理中只有参照有关规范执行，原有相关技术规范要求已远远不能满足现有业主在市场经济条件下的生产、储存和竞争、发展需要，造成业主和相关部门、相关部门和相关部门之间认识不统一，致使监督管理难以到位。

四是业主消防安全主体意识差，未经验收即投入使用，消防设施设备不足、不到位，自防自救能力差，加之距公安消防队较远，导致损失扩大。

8.6 交通工具火灾

8.6.1 山东临沂市"3·8"车辆火灾

2005年3月8日16时57分，山东省临沂市经济技术开发区芝麻墩办事处西朱汪村小神童幼儿园一辆接送幼儿的客车起火，共造成12名幼儿死亡，4人受伤。

1. 基本情况

小神童幼儿园为一私营幼儿园，证件、手续齐全。该园于2000年9月正式建园，有教师（保育员）13名，厨师1名，驾驶员4名，大、中、小班7个，在校幼儿约200名，有4部车专门接送幼儿。事故汽车为1999年沈阳产"金杯"面包车，2002年由赵延苹从兰山区公路局购得，2004年该车未参加年审。该车核定载人数为9人，火灾发生时车上有21人。

2005年3月8日16时许，该幼儿园放学，用一辆"金杯"面包车（车号为鲁Q10246）运送部分幼儿回家。当时车上共有25名幼儿，中途有4名下车。当车行至徐村东侧东西方向一土路距205国道100米处时，车突然熄火。驾驶员王某打开发动机盖，拔下油管线向化油器直流供油。打火时，化油器喷火，引燃汽油发生火灾。

2. 火灾损失

火灾共造成12名幼儿死亡，4人受伤（其中包括2名幼儿、1名司机和1名幼儿园保育员），烧毁"金杯"面包车1辆。

8.6.2　哈尔滨铁路局T238次旅客列车火灾

详见本书5.3节。

8.6.3　"新晨光66号"货轮火灾

2004年12月26日，武汉市华茂运贸船务责任有限公司所属"新晨光66号"货轮，因该轮主机燃油滤油器排油口丝堵脱落，造成大量轻柴油喷射到主机涡轮箱及周围，由于温度过高引燃起火，造成1人死亡，1人受伤，直接财产损失200万元。

1. 基本情况

"新晨光66"轮属武汉华茂运贸船务责任有限公司，1978年建造于上海，船长91.45米，型宽14.42米，型深8.6米，总吨位2869吨，载重4300吨，自辽宁省丹东大东港装载4210吨煤炭驶往青岛港。12月26日18时45分，当行驶至青岛海域"1号浮标"东南 2.5 海里处,机舱突然发生火灾并引燃驾驶台。由于火势燃烧迅猛,船员在报警后,未采取任何灭火措施,被迫弃船逃生。船上 20 名船员已有 19 名被"青港拖5"轮救起,其中大管轮被烧伤,已送医院治疗,1 名船员失踪。

2. 火灾损失

火灾造成 1 名船员窒息死亡,1 名船员烧伤,机舱二层内物料间的物资、五层驾驶楼内的船员生活区 33 个房间、驾驶室的物资、设备资料及个人财物全部烧毁,直接财产损失 200 万元。

3. 火灾原因

火灾系位于该轮机舱二层的主机燃油滤油器排油口丝堵脱落,造成大量轻柴油喷向主机涡轮箱及周围高温处引燃所致。

 8.7 工 地 火 灾

8.7.1 新疆库尔勒市巴州唐明房产综合楼施工工地火灾

2004 年 3 月 16 日 7 时,新疆巴音郭愣蒙古自治州(以下简称巴州)库尔勒市交通西路的唐明房产综合楼施工工地发生特大火灾。火灾烧毁五部东芝牌自动扶梯,烧毁部分室内装修,过火面积 1000 余平方米,直接财产损失约 489.9 万元,未造成人员伤亡。

1. 基本情况

2004 年 3 月 16 日 7 时 30 分左右,临时居住在四层工地的工人彭某起床做饭时，发现房间屋顶通风口有烟气窜出。彭即告知其丈夫邓某及工地保管员张某，张、邓二人随即巡查，发现四层东侧楼梯间内有烟气窜出，二人马上叫醒其他员工扑救，随后张新全使用手机拨打"119"报警。

巴州唐明房产综合楼位于库尔勒市交通西路与巴音东路交汇处，坐北朝南，东面为四运兴州热力公司，南面为交通东路，西临南疆棉麻公司住宅区，北临巴州唐明房产开发有限责任公司住宅小区，隶属于巴州唐明房产开发有限责任公司，楼内设有餐饮、娱乐、商店、住宅、写字楼等，东西总长 119 米，南北最宽处 50.3 米，总面积为 29972 平方米。该楼于 2001 年 8 月开工修建，2003 年 8 月土建工程施工完毕，同年 10 月开始内部装修，设计有火灾自动报警系统、自动喷水灭火系统、防排烟系统和室内消火栓系统。起火前，整个大楼内部装修及消防工程均处于施工阶段。

2. 火灾损失

火灾烧毁五部自动扶梯，过火面积 1000 余平方米，直接财产损失约 489.9 万元。未造成人员伤亡。

3. 火灾原因

引发此次火灾的原因为：安装在三层至四层北楼梯段中部铁艺扶手上方的白炽灯泡烤燃附近木质材料蔓延成灾。

4. 主要教训

一是施工现场消防安全管理存在漏洞。建设单位与施工单位未签订消防安全责任书，施工单位未建立健全消防安全管理制度，对工地用火、用电、焊割等问题未制定相应管理措施。分包项目经理、各工种负责人及工人未层层落实消防安全责任制。

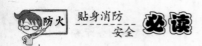

二是施工人员消防安全意识薄弱，现有灭火器材不能有效使用，可燃材料随意堆放、乱拉乱接电气线路和吸烟现象普遍存在。

8.7.2 新疆华电红雁池发电有限责任公司施工现场火灾

2005年5月13日15时35分许，新疆华电红雁池发电有限责任公司两只容积1000立方米的地上立式柴油罐相继发生爆炸起火，直接财产损失428.8万元。

1. 基本情况

2005年5月13日下午，新疆电力建设实业总公司项目经理王某带领5名工人到油罐区进行排空管的安装。15时20分许，工人郑某和邓某两人先在防火堤内焊接钢管，大约用时10至20分钟，之后去西侧柴油罐顶部焊接排空管。工人吕某和李某在地面两只油罐之间往氧气瓶上加装气压表，工人郑某在西侧油罐顶部焊排空管道接。爆炸发生时经理王某在燃油泵房同燃料班值班员聊天，两人听见爆炸后，迅速离开泵房，绕至泵房北侧翻越栅栏逃出。

新疆华电红雁池发电有限责任公司组建于1996年7月（现由中国华电集团公司控股），位于新疆维吾尔自治区乌鲁木齐市城市规划区东南郊延安二村三号，厂区占地面积1平方公里，是乌鲁木齐电网的主力发电厂，规划容量140万千瓦，计划分为两期建设，一期工程4×20万千瓦抽汽供热机组已建成正在运行，以220千伏接入系统，配套输电线路820公里，二期工程尚未建设。爆炸起火部位油罐位于电厂西北面。

2. 火灾损失

此起爆炸火灾共造成5人死亡，1人受伤。火灾烧毁2只

1000 立方米的柴油罐及配套设施消防泵房，烧毁 736 吨柴油，过火面积 1 万余平方米，直接财产损失 428.8 万元。

3. 火灾原因

火灾系新疆电力建设实业总公司工人郑某在西侧油罐顶部进行管道接头焊接时，电焊火花引燃由人孔盖板上孔洞扩散出的油蒸气发生爆炸起火。

4. 主要教训

一是作为施工单位新疆电力建设实业总公司的电焊工在未采取可靠安全保护措施的条件下在油罐顶部动用电焊作业，属严重的违法违规行为。

二是新疆电力建设实业总公司对施工现场的消防安全管理不到位，施工负责人在施工过程中擅自离职且未向工人详细交待施工方案，不在现场指挥施工，也是导致事故发生的直接因素。

三是新疆华电红雁池发电有限责任公司只对施工项目签发动火证提出要求，却未履行各级人员职责到施工现场去指导、监护施工，未严格落实安全制度和规程，最终造成了火灾爆炸事故的发生。

四是消防监督部门在检查过程中存在漏洞，对重点部位的检查还存在死角。

8.8 农村火灾

8.8.1 浙江海宁市黄湾镇五丰村火灾

2004 年 2 月 15 日下午，浙江嘉兴市海宁市黄湾镇五丰村

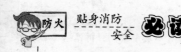

等周边农村部分老年村民聚集在自行搭建的草棚内，从事"舖堂忏"活动，失火引起草棚燃烧坍塌，造成40人死亡。

1. 基本情况

2004年2月15日上午8时30分起，由五丰村村民周某、卢某、卢某某三人组织，由陈某主持，在自行搭建的简易草棚内进行所谓的"舖堂忏"（意为年老者死后能顺利到达"阴间"）活动，参加"舖堂忏"活动的人员达60余人（除陈某外，其余均为女性，其中年龄最大的84岁，最小的40岁）。下午14时5分许，参加"舖堂忏"活动的孙某拿着用锡纸叠成的"元宝"，持一根点着的小蜡烛，到草棚门口外焚烧，以示"谢山门"（按当地风俗，"谢山门"的"元宝"必须在香炉之外烧），由于当时正刮3～4级东南风（海宁市气象局提供资料），出门后风大，将蜡烛吹灭，又返回取了一支大一点的蜡烛出去继续焚烧锡纸"元宝"。当孙仕金焚烧锡纸"元宝"后返回草棚内约5分钟，未熄灭的锡纸"元宝"被风吹到下风向的草棚西南角，引燃用毛竹片和稻草帘搭成的外墙，草棚开始燃烧。此时，火借风势，燃烧速度很快，由于草棚仅有1个约1.2米宽的出口，将棚内人员困住，加之均为老年人，行动迟缓和惊慌失措，不到10分钟草棚塌落。

发生火灾的草棚是2003年三四月间村民擅自搭建的，供附近老年妇女从事"舖堂忏"活动。该草棚结构为人字形，由毛竹搭成，屋顶和四周由竹片和稻草帘铺设而成，坐北朝南，长10.35米，宽5.76米，建筑面积60平方米，棚顶高4米，四周棚檐高2米，朝南开启一樘宽约1.2米、高1.8米的门。草棚内东、西、北三面有1米高的油毛毡作墙裙。"舖堂忏"活动供品放置棚内北面，一字摆开，桌上点了蜡烛，活动参与

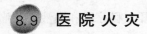

人位于供品台南边，共有 4 排。草棚内没有布设电线和电源，从事"舗堂忏"活动时，由参与人自带凳子等进入草棚。

2. 火灾损失

在火灾中，39 人当场烧死，4 人受伤（其中 1 人因抢救无效于次日死亡）。因此，本起火灾共造成 40 人死亡，3 人受伤。火灾共烧毁草棚、木桌、木凳等物品，直接财产损失1356 元。

3. 火灾原因

本次火灾原因，经现场勘查、调查访问和模拟试验，认定起火部位在草棚西南角，火灾原因是：孙仕金参加"舗堂忏"活动时，在草棚门口外焚烧锡纸叠成的"元宝"，因未熄灭的锡纸"元宝"被风吹到草棚西南角，引燃草棚起火成灾。

4. 主要教训

本次火灾事故属于突发性的特大火灾事故。反映了农村老人等弱势群体消防意识淡薄和消防常识贫乏及逃生自救能力差等问题。因此，建议各地乡镇人民政府和村民委员会等基层组织及公安派出所要加强农村消防工作，开展防火检查，做好对群体性活动的消防安全管理，及时发现、消除火灾隐患。要积极开展防火宣传教育，提高农村群众尤其是老人小孩等弱势群体的消防安全意识和逃生自救能力。要加快多种形式消防队伍建设的步伐，提高农村抗御火灾的能力。

8.9 医院火灾

8.9.1 吉林辽源市中心医院火灾

2005 年 12 月 15 日，吉林省辽源市中心医院发生火灾，

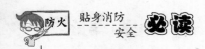
造成 37 人死亡，95 人受伤，2 名消防官兵受轻伤，直接财产损失 821.9 万元。

1. 基本情况

2005 年 12 月 15 日 16 时 10 分左右，辽源市中心医院突然停电，16 时 30 分许，该院值班电工手动启动备用电源后，配电箱发出"砰砰"的响声，随后发现浓烟和明火，在自行扑救无效的情况下，16 时 57 分，该院副院长李某拨打了火灾报警电话。

辽源市中心医院位于吉林省辽源市龙山区东吉大路 86 号。始建于 1947 年 6 月，为省二级甲等综合性医院，占地面积 6.2 万平方米，建筑总面积 4.3 万平方米。该医院东邻医院住宅小区，南邻明珠花园小区，西邻滨河住宅小区，北邻东吉大路，路北侧为辽源市第一实验中学。该单位建筑布局从北至南由一区、二区、三区、四区 4 个区域，环廊园林门诊楼和一座综合楼组成。一区至三区均为 3 层砖木、闷顶结构的三级建筑，建于 1962 年，建筑面积 10323 平方米。其中一区一层为急诊、CT 室，二层为 ICU（重危抢救科）和肾病疗区，三层为病理、预防、康复科；二区一层为手外科疗区，二层为妇科疗区，三层为耳鼻喉科疗区；三区一层为普外科疗区，二层为儿科疗区、手术室，三层为神经外科疗区。四区为 4 层砖混结构的二级建筑，建于 1987 年，建筑面积 3600 平方米。一层为骨科疗区，二层为循环内科疗区和血液、肿瘤疗区，三层为神经内科疗区，四层为眼科、介入科疗区。环廊园林门诊楼建于 2002 年，为 3 层天井式建筑，拱形透明屋顶，建筑面积 5340 平方米，南北纵向于一区和三区之间。综合楼为 9 层砖混结构的二级建筑，建于 2001 年，建筑面积 6800 平方米。一区、二区、三区、四区建筑之间由通廊(通廊的总建筑面积为 846 平方米,一区至三区之间通廊的三层为"人"字架结构,三区至四区之间通廊的三层为钢混结构)连接贯通。医院共有职工 735 人,床位 686 张。火灾当日登记入住病人 235 人,当日值班医务人员 79 人,另有陪护、探视人员约 100 人。

2. 火灾损失

火灾造成 37 人死亡、95 人受伤,烧毁建筑面积 5714 平方米,直接财产损失 821.9 万元。

3. 火灾原因

此起火灾系配电室电缆沟内 2 号部位电缆短路所致。

4. 主要教训

一是报警晚,失去了抢救、疏散人员和控制火势的最佳战机。当晚 16 时 10 分医院突然停电,16 时 30 分许值班电工手动启动备用电源后,配电箱着火。在自救无效的情况下,副院长李某于 16 时 57 分才打电话报警,前后延误了 20 多分钟,丧失了扑救初期火灾、抢救和疏散人员的最佳时机。

二是中心部位起火,"烟囱"、"风洞"效应较强,使火势迅速发展蔓延。起火部位位于建筑中心部位的中间层通廊中部。发生火灾后,火势迅速沿通廊、楼梯、各种竖向管井、孔洞和闷顶等向东西和南北方向呈立体蔓延,使各区建筑短时间内迅速起火燃烧。

三是患者、医务人员、陪护探视人员多,疏散抢救难度大。医院人员密集,发生火灾后患者和陪护、探视人员对内部疏散通道情况不熟悉,一部分危重患者、瘫痪病人、手术后或者严重者都无法自行疏散,只能等待医护和救援人员施救。

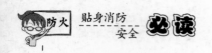

8.10 地下火灾

8.10.1 福建南平市延平区新建路70号商住楼地下仓库火灾

2005年4月14日19时20分，福建省南平市延平区新建路70号商住楼地下个体仓库发生火灾，直接财产损失238.7万元。

1. 基本情况

火灾现场位于南平市延平区新建路70号(1)B幢建筑地下1层(南平商贸区仓库)，其中A幢建筑地上8层、地下1层，建筑高度33.1米，于1989年建成投入使用(原设计没有地下室，后因滨江路路面升高改建形成地下室)；B幢建筑地上12层，地下1层，建筑高度36.4米，于1999年建成投入使用。(1)B幢建筑均为钢混结构建筑，依次呈南北方向排列，A幢在南、B幢在北，中间为空坪，(1)B幢建筑东、西两侧与地上两层的建筑相连，形成"回"字形，(1)B幢建筑地下一层连为一体(建筑面积约1620平方米)。(1)B幢建筑东临滨江路；西临新建路；南面5.2米外为民用建筑；(1)B幢建筑地下一层北面有一条4.4米宽车道连接滨江路与新建路，B幢建筑北侧西面7米外为地质大厦裙楼、北侧东面4.4米外毗邻地质大厦滨江路侧裙楼。

(1)B幢建筑一层均为沿街店面，A幢二层以上为办公和住宅用，建筑内现有南平龙昕医药公司、南平市南线电缆有限公司、大禾农牧发展有限公司3家单位，另有6户住户，七、八层大部分房间空置；B幢二楼为南平武夷制冷有限公司，三层以上为住宅，共住 60 户。

A 幢的地下一层原为地上一层，南平滨江路面升高后变为地下一层。A 幢产权归属大禾农牧发展有限公司；B 幢地下一层至地上二层产权归属南平诚鑫工贸公司，三层以上归属各住户。(1)B 幢地下一层东西宽 45 米，南北长 48.3 米，共有 15 间仓库，分别出租给 13 个个体户使用。仓库内存放日用品、副食品、塑料制品、香烟、电器等。

2. 火灾损失

4 月 15 日下午，成立了由延平区工商分局、质量技术监督局、卫生局、消防大队和物业管理委员会、居委会等单位共 13 人组成的火灾损失核定调查组，分成 2 个小组，对 19 个受灾户申报的 70 张《火灾直接财产损失申报表》的近 800 种、6 万余件各类物品进行逐一核对，统计核定工作于 4 月 17 日结束，核定火灾过火面积 278 平方米，烟熏、水渍面积约 1342 平方米，直接财产损失为 238.7 万元。

3. 火灾原因

15 日 14 时，火灾事故调查小组进入现场开展事故调查工作。经调查，认定火灾原因系气割工在电梯井内违章气割作业时，气割后炽热的钢板掉落至与电梯井相通的地下一层仓库内可燃物上引起。

4. 主要教训

一是现场起火建筑未进行有效防火、防烟分隔，仓库布置不合理，造成灭火进攻路线窄，道路复杂，火场能见度低，大大影响了灭火救援工作的正常开展。

二是市民消防安全意识淡薄、心存侥幸心理，发生火灾时不能及时逃生。

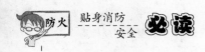
■ 趣味故事

1. 秦始皇兵马俑之谜

世界上最大的地下军事博物馆在哪里？在中国，在西安！当你步入长度将近 500 米，横跨 74 米的巨大的秦始皇兵马俑殿厅时，映入你眼帘的是一幅威武雄壮的古代兵阵——数千名雄纠纠的武士排满俑坑，战马兵车、五花八门的青铜兵器似乎正在恭候检阅……秦始皇兵马俑，全世界多少人欲一睹你的雄姿啊！

兵马俑是怎样发现的？

秦始皇兵马俑已成为世界第八奇迹，是中国的国宝。但当人们未认识它的时候，却被视为不祥之物。六七十年前，秦陵东的临潼县西杨村的一农民打井，挖掘了好几天打不出水，却挖出了一个瓦人，象真人一样大小。他憎恨这怪物在作弄他，把瓦人吊在树上，砸得粉碎，以消晦气。50 多年前，在秦陵西面，农民耕地挖掘仅 1 米处，发现一个瓦人头，继而挖到三个跪首的瓦人，就丢在一边无人过问。

解放前夕，焦家村农民又挖出两个跪首的瓦人，象泥塑的菩萨，信佛的农民特地盖了个土地庙供奉。1974 年，西杨村的社员打井时，发现一个圆口形的陶器。再挖下去，实际是个"瓦盆爷"，立在陶俑的上身，农民认为挖不出水，又是这个"瓦盆爷"作怪，又要把它吊起来。水保员赶到临潼博物馆，请他们来鉴别。他们也不懂，就把它运到博物馆暂存，还把碎片进行粘补，花了两个多月又修复了三个陶俑，但没有向上级汇报。有个新闻工作者发现这件事，写了《内参》，建议国家文物局注意这一情况。此事，得到党和国家领导人的重视。随后，由陕西省组织考古发掘队开赴现场，经过几年的开拓，石破天惊！发掘出了秦始皇兵马俑，揭开了考古史上新的一页。

俑坑里的火灾怎么引起的？

最初发掘的几座俑坑，有严重的火灾痕迹，桥梁烧毁，陶俑变红，坑内布满炭灰。火灾是怎样引起的？是坑壁进行火烧处理时遗下了余火？

有人认为这火灾是秦末的战火引起的。据《水经注》记载："项羽入关发之(始皇陵)，以三十万人，三十日运物不能穷。关东盗贼销椁取铜，牧人寻羊烧之，火延日九十日不能灭。"由此可知，当时项羽掘开陵墓，把丰富的随葬品洗劫一空，最后又付之一炬，大火一连烧了三个月，一批珍贵的社会财富和物质文化遭到浩劫。

251

然而，这"楚人一炬"的理由欠充分，最合理的判断是地下气燃烧。俑坑里的有机物分解，产生甲烷(沼气)，使温度增高，促进氧化；而温度的上升和氧化的加速，又促进了有机物的分解和甲烷的产生。这样反复循环，终于使甲烷饱和、温度达到发火点。当时项羽部队盗掘后，墓门敞开。一牧人为找羊，举火把进入墓中，引起大火在地下燃烧起来。1973 年，咸阳杨家湾发掘一座汉墓，揭开墓室后，是一片火后惨象，当年火势之大，真可谓"流金烁石"，不但金属器物熔化，连墓砖也熔炼得象饴糖一样，这样看来，秦俑坑的地下火还是小的。

2. 明朝天启王恭厂大爆炸之谜

明朝天 6 年(公元 1626 年)5 月 6 日上午 10 点左右，在北京城西南一带，突然发生了一场惊天动地的大爆炸，以王恭厂为中心方圆 23 里内，顿时夷为平地。

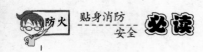

（1）大爆炸简况

据当时的专家学者收集的目击者见闻说，爆炸当时本来天空晴朗，忽然，轰雷炸响，隆隆滚过，震撼天地。只见从东北渐到京城西南角，涌起一片遮天盖地的黑云，不大一会儿，又大震一声，天崩地裂。顿时，天空漆黑一团，伸手不见五指。东至顺成门大街，北至刑部街，长三四里，周围 13 里，万余间房屋建筑变成一片瓦砾，二万余居民非死即伤，断臂者、折足者、破头者无数，尸骸遍地，秽气熏天，满眼狼籍，惨不忍睹，连野马鸡犬都难逃一死。王恭厂一带，地裂 13 丈，火光腾空……。震声再由南自河西务，东自通州，北自密云、昌平到处震耳欲聋，毁坏严重。老百姓有侥幸活命，也鬼哭狼嚎，披头散发，惊恐万状。举国上下，陷入一场空前的大灾难之中。不久，只见南天上一股气冲入苍穹，天上的气团有的像乱丝，有的像灵芝，五颜六色，奇形怪状，许久才渐渐散去。

（2）皇帝、太监一片混乱

出事之时，明熹宗皇帝朱由校正在干清宫用早膳，突然，他发现大殿震荡起来，不知发生了什么祸事，吓得不顾一切就逃。跃出门外，他急忙拼命向交泰殿狼狈奔去，内侍们惊得不知所措，只有一个贴身内侍紧忙跟着他跑。不料，刚到建极殿旁，天上忽然飞下鸳瓦，正巧砸在这个内侍的脑袋上，当即脑浆迸裂，倒地而亡。熹宗皇帝也顾不上他了，一口气跑到交泰殿，正好殿内墙角有一张大桌子，他连忙钻进去，才喘口气，躲过此劫。

这场大爆炸性的消息，迅速传遍了全国，从王公贵族到黎民百姓都震骇之极，人心惶惶。当时，国家政治腐败，宦官专权，忠奸不分。因此，很多大臣认为这场大爆炸是上天对皇帝

252

的警告，所以，纷纷上书，要求熹宗匡正时弊，重振朝纲。皇帝一看群情激愤，吃不好，睡不好，不得不下一道"罪已诏"，表示要"痛加省修"。它还下旨从国库拨出黄金一万两以救济灾民。

（3）令人不解的诡异之处

事先征兆特异。据《东林始末》记载，5月2日夜里，前门楼角出现"鬼火"发青发光，有好几百团，飘忽不定。不一会儿，合并成一车轮大的一团。《天变杂记》记载，后宰门有一火神庙，6月早晨，忽从庙内传出音乐，一会儿声粗，一会儿声细。守门的内侍刚要进去查看，忽然有个大火球一样的东西腾空而起，俄顷，东城发出震天爆炸声。这鬼火和火球与大爆炸是什么关系呢？

253

人群失踪，极为怪异。据记载，有一位新任总兵拜客，走到元宏寺大街，只听一声巨响，他和他的7个跟班，连人带马无影无踪了。还有，西会馆的熟师和学生共36人，一声巨响之后，都没了踪影。据说，承恩街上有一八抬大轿正走着，巨响后，大轿被打破在大街上，而轿中女客和8个轿夫不知去向。更为奇怪的是，菜市口有个姓周的人，正同6个人说话，巨响后，头颅突然飞去，躯体倒地，而近旁的6个人却安然无恙。

石狮卷空，碎尸落地。爆炸之时，许多大树被连根拔起，飘落于远处。石附马大街有一尊1000斤重的大石狮子，几百人都推不动，居然被一卷而起，落在10里外的顺成门外，猪马牛羊、鸡鸭鹅狗更是纷纷被卷入云霄，又从天空落下。

据说，长安街一带，纷纷从天上落下人头人脸来，德胜门外一带，落下的人的四肢更多。一场碎尸雨，一直下了两个多小时。木头、石头、人头、人臂以及缺胳膊断腿的人，无头无脸的人，还有各种家禽的尸体，从天而降，绝对骇人听闻。

裸体奇闻。据记载，这次遇难者，不论男女，不论死活，也不管是在家在路上，很多人衣服鞋帽尽被刮去，全为裸体。《天变邸抄》记述："所伤俱赤身，寸丝不挂，不知何故？"？《日下旧闻》记有这么一件事，在元宏街有一乘女轿经过，只听一声震响，轿顶被掀去，女客全身衣服都被刮走，赤身裸体坐在轿车中，竟没有伤及皮肉。他们的衣服哪里去了呢？据《国榷》记载："震后，有人告，衣服俱飘至西山，挂于树梢，昌平县校场衣服成堆，人家器皿、衣服、首饰、银钱俱有。产部张凤奎使长班往验，果然。

254

（4）其他古籍记载

《天变邸抄》对这次灾变的描述是：天启丙寅五月初六日巳时（天启丙寅即天启六年），天色皎洁，忽有声如吼，从东北方渐至京城西南角，灰气涌起，屋宇动荡。须史，大震一声，天崩地塌，昏黑如夜，万室平沉。安街，西及平则门（今阜城门）南，长三四里，周围十三里，尽为斋粉，屋以数万计，人以万计。这次爆炸中心的"王恭厂一带糜烂尤甚，僵尸层迭、秽气熏天……"

小说《梼杌闲评》第四十回对这次爆炸的描绘是：到了五月六日巳刻，京师恰也作怪——京城中也自西北起，震天动地如霹雳之声，黑气冲天，彼此不辨。先是萧家堰，西至平则门、城隍庙，南至顺城门，倾颓房屋平地动摇有六七里，城楼、城墙上砖瓦如雨点飞下……

当事太监刘若愚的记载。天启皇帝的司礼太监刘若愚是这次大灾变的目击者之一，在他所著的《明宫史》一书中，详尽地记述了这场巨大灾变。

（5）爆炸原因众说纷云

天启大爆炸的罪魁祸首到底是谁？1986 年，在天启灾变 360
周年，北京地质学会等 20 多个团体，发起了一次研讨会。专门用
现代科学知识和手段，对这次灾变进行一次广泛深入的探讨，种
种说法莫衷一是。有地震说，火药爆炸说，飓风说，陨星说，大
气静电酿祸说，地球内部热核高能强爆动力说，陨星反物质与
地球物质相逢相灭说等等，但都无法解释这场爆炸中出现的低
温无火，荡尽衣物的罕见特征。这个千古之谜不知何时能解。

3. 哪些火灾不能用水扑灭？

电器　　电器发生火灾时，首先要切断电源。在无法断电
的情况下千万不能用水和泡沫扑救，因为水和泡沫都能导电。
应选用二氧化碳、1211、干粉灭火器或者干沙土进行扑救，而
且要与电器设备和电线保持 2 米以上的距离。

油锅　　油锅起火时，千万不能用水浇。因为水遇到热油
会形成"炸锅"，使油火到处飞溅。扑救方法是，迅速将切好
的冷菜沿边倒入锅内，火就自动熄灭了。另一种方法是用锅盖
或能遮住油锅的大块湿布遮盖到起火的油锅上，使燃烧的油火
接触不到空气缺氧窒息。

燃料油、油漆　　家中贮存的燃料油或油漆起火千万不能
用水浇，应用泡沫、干粉或 1211 灭火器具或沙土进行扑救。

计算机　　电脑着火应马上拔下电源，使用干粉或二氧化
碳灭火器扑救。如果发现及时，也可以拔下电源后迅速用湿地
毯或棉被等覆盖电脑，切勿向失火电脑泼水。因为温度突然下
降，也会使电脑发生爆炸。

化学危险物品　　在学校实验室常存有一定量的硫酸、硝
酸、盐酸、碱金属钾、钠、锂，易燃金属铝粉、镁粉等。这些
物品遇水后极易发生火灾。

附录 1

中华人民共和国消防法

中华人民共和国主席令第 4 号

（1988 年 4 月 29 日第九届全国人民代表大会常务委员会第二次会议通过）

第一章　总　　则

第一条　为了预防火灾和减少火灾危害，保护公民人身、公共财产和公民财产的安全，维护公共安全，保障社会主义现代化建设的顺利进行，制定本法。

第二条　消防工作贯彻预防为主、防消结合的方针，坚持专门机关与群众相结合的原则，实行防火安全责任制。

第三条　消防工作由国务院领导，由地方各级人民政府负责。各级人民政府应当将消防工作纳入国民经济和社会发展计划，保障消防工作与经济建设和社会发展相适应。

第四条　国务院公安部门对全国的消防工作实施监督管理，县级以上地方各级人民政府公安机关对本行政区域内的消防工作实施监督管理，并由本级人民政府公安机关消防机构负责实施。军事设施、矿井地下部分、核电厂的消防工作，由其主管单位监督管理。

森林、草原的消防工作，法律、行政法规另有规定的，从其规定。

第五条　任何单位、个人都有维护消防安全、保护消防设施、预防火灾、报告火警的义务。任何单位、成年公民都有参加有组织的灭火工作的义务。

第六条　各级人民政府应当经常进行消防宣传教育，提高公民的消防意识。

教育、劳动等行政主管部门应当将消防知识纳入教学、培训内容。

新闻、出版、广播、电影、电视等有关主管部门，有进行消防安全宣传教育的义务。

第七条　对在消防工作中有突出贡献或者成绩显著的单位和个人，应当予以奖励。

257

第二章　火 灾 预 防

第八条　城市人民政府应当将包括消防安全布局、消防站、消防供水、消防通信、消防车通道、消防装备等内容的消防规划纳入城市总体规划，并负责组织有关主管部门实施。公共消防设施、消防装备不足或者不适应实际需要的，应当增建、改建、配置或者进行技术改造。

对消防工作，应当加强科学研究，推广、使用先进消防技术、消防装备。

第九条　生产、储存和装卸易燃易爆危险物品的工厂、仓库和专用车站、码头，必须设置在城市的边缘或者相对独立的安全地带。易燃易爆气体和液体的充装站、供应站、调压站，应当设置在合理的位置，符合防火防爆要求。

原有的生产、储存和装卸易燃易爆危险物品的工厂、仓库和专用车站、码头，易燃易爆气体和液体的充装站、供应站、调压站，不符合前款规定的，有关单位应当采取措施，限期加

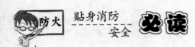

以解决。

第十条 按照国家工程建筑消防技术标准需要进行消防设计的建筑工程，设计单位应当按照国家工程建筑消防技术标准进行设计，建设单位应当将建筑工程的消防设计图纸及有关资料报送公安消防机构审核；未经审核或者经审核不合格的，建设行政主管部门不得发给施工许可证，建设单位不得施工。

经公安消防机构审核的建筑工程消防设计需要变更的，应当报经原审核的公安消防机构核准；未经核准的，任何单位、个人不得变更。

按照国家工程建筑消防标准进行消防设计的建筑工程竣工时，必须经公安消防机构进行消防验收；未经验收或者经验收不合格的，不得投入使用。

第十一条 建筑构件和建筑材料的防火性能必须符合国家标准或者行业标准。

公共场所室内装修、装饰根据国家工程建筑消防技术标准的规定，应当使用不燃、难燃材料的，必须选用依照产品质量法的规定确定的检验机构检验合格的材料。

第十二条 歌舞厅、影剧院、宾馆、饭店、商场、集贸市场等公众聚集的场所，在使用或者开业前，应当向当地公安消防机构申报，经消防安全检查合格后，方可使用或者开业。

第十三条 举办大型集会、焰火晚会、灯会等群众性活动，具有火灾危险的，主办单位应当制定灭火和应急疏散预案，落实消防安全措施，并向公安消防机构申报，经公安消防机构对活动现场进行消防安全检查合格后，方可举办。

第十四条 机关、团体、企业、事业单位应当履行下列消防安全职责：

（一）制定消防安全制度、消防安全操作规程；

（二）实行防火安全责任制，确定本单位和所属各部门、岗位的消防安全责任人；

（三）针对本单位的特点对职工进行消防宣传教育；

（四）组织防火检查，及时消除火灾隐患；

（五）按照国家有关规定配置消防设施和器材、设置消防安全标志，并定期组织检验、维修，确保消防设施和器材完好、有效；

（六）保障疏散通道、安全出口畅通，并设置符合国家规定的消防安全疏散标志。

259

居民住宅区的管理单位，应当依照前款有关规定，履行消防安全职责，做好住宅区的消防安全工作。

第十五条　在设有车间或者仓库的建筑物内，不得设置员工集体宿舍。

在设有车间或者仓库的建筑物内，已经设置员工集体宿舍的，应当限期加以解决。对于暂时确有困难的，应当采取必要的消防安全措施，经公安消防机构批准后，可以继续使用。

第十六条　县级以上地方各级人民政府公安机关消防机构应当将发生火灾可能性较大以及一旦发生火灾可能造成人身重大伤亡或者财产重大损失的单位，确定为本行政区域内的消防安全重点单位，报本级人民政府备案。

消防安全重点单位除应当履行本法第十四条规定的职责外，还应当履行下列消防安全职责：

（一）建立防火档案，确定消防安全重点部位，设置防火标志，实行严格管理；

（二）实行每日防火巡查，并建立巡查记录；

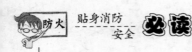

（三）对职工进行消防安全培训；

（四）制定灭火和应急疏散预案，定期组织消防演练。

第十七条 生产、储存、运输、销售或者使用、销毁易燃易爆危险物品的单位、个人，必须执行国家有关消防安全的规定。

生产易燃易爆危险物品的单位，对产品应当附有燃点、闪点、爆炸极限等数据的说明书，并且注明防火防爆注意事项。对独立包装的易燃易爆危险物品应当贴附危险品标签。

进入生产、储存易燃易爆危险物品的场所，必须执行国家有关消防安全的规定。禁止携带火种进入生产、储存易燃易爆危险物品的场所。禁止非法携带易燃易爆危险物品进入公共场所或者乘坐公共交通工具。

储存可燃物资仓库的管理，必须执行国家有关消防安全的规定。

第十八条 禁止在具有火灾、爆炸危险的场所使用明火；因特殊情况需要使用明火作业的，应当按照规定事先办理审批手续。作业人员应当遵守消防安全规定，并采取相应的消防安全措施。

进行电焊、气焊等具有火灾危险的作业的人员和自动消防系统的操作人员，必须持证上岗，并严格遵守消防安全操作规程。

第十九条 消防产品的质量必须符合国家标准或者行业标准。禁止生产、销售或者使用未经依照产品质量法的规定确定的检验机构检验合格的消防产品。

禁止使用不符合国家标准或者行业标准的配件或者灭火剂维修消防设施和器材。

公安消防机构及其工作人员不得利用职务为用户指定消防

产品的销售单位和品牌。

第二十条　电器产品、燃气用具的质量必须符合国家标准或者行业标准。电器产品、燃气用具的安装、使用和线路、管路的设计、敷设，必须符合国家有关消防安全技术规定。

第二十一条　任何单位、个人不得损坏或者擅自挪用、拆除、停用消防设施、器材，不得埋压、圈占消火栓，不得占用防火间距，不得堵塞消防通道。

公用和城建等单位在修建道路以及停电、停水、截断通信线路时有可能影响消防队灭火救援的，必须事先通知当地公安消防机构。

第二十二条　在农业收获季节、森林和草原防火期间、重大节假日期间以及火灾多发季节，地方各级人民政府应当组织开展有针对性的消防宣传教育，采取防火措施，进行消防安全检查。

第二十三条　村民委员会、居民委员会应当开展群众性的消防工作，组织制定防火安全公约，进行消防安全检查。乡镇人民政府、城市街道办事处应当予以指导和监督。

第二十四条　公安消防机构应当对机关、团体、企业、事业单位遵守消防法律、法规的情况依法进行监督检查。对消防安全重点单位应当定期监督检查。

公安消防机构的工作人员在进行监督检查时，应当出示证件。

公安消防机构进行消防审核、验收等监督检查不得收取费用。

第二十五条　公安消防机构发现火灾隐患，应当及时通知有关单位或者个人采取措施，限期消除隐患。

第三章　消防组织

第二十六条　各级人民政府应当根据经济和社会发展的需要，建立多种形式的消防组织，加强消防组织建设，增强扑救火灾的能力。

第二十七条　城市人民政府应当按照国家规定的消防站建设标准建立公安消防队、专职消防队，承担火灾扑救工作。

镇人民政府可以根据当地经济发展和消防工作的需要，建立专职消防队、义务消防队，承担火灾扑救工作。

公安消防队除保证完成本法规定的火灾扑救工作外，还应当参加其他灾害或者事故的抢险救援工作。

第二十八条　下列单位应当建立专职消防队，承担本单位的火灾扑救工作：

（一）核电厂、大型发电厂、民用机场、大型港口；

（二）生产、储存易燃易爆危险物品的大型企业；

（三）储备可燃的重要物资的大型仓库、基地；

（四）第一项、第二项、第三项规定以外的火灾危险性较大、距离当地公安消防队较远的其他大型企业；

（五）距离当地公安消防队较远的列为全国重点文物保护单位的古建筑群的管理单位。

第二十九条　专职消防队的建立，应当符合国家有关规定，并报省级人民政府公安机关消防机构验收。

第三十条　机关、团体、企业、事业单位以及乡、村可以根据需要，建立由职工或者村民组成的义务消防队。

第三十一条　公安消防机构应当对专职消防队、义务消防队进行业务指导，并有权指挥调动专职消防队参加火灾扑救工作。

第四章　灭火救援

第三十二条　任何人发现火灾时，都应当立即报警。任何单位、个人都应当无偿为报警提供便利，不得阻拦报警。严禁谎报火警。

公共场所发生火灾时，该公共场所的现场工作人员有组织、引导在场群众疏散的义务。

发生火灾的单位必须立即组织力量扑救火灾。邻近单位应当给予支援。

消防队接到火警后，必须立即赶赴火场，救助遇险人员，排除险情，扑灭火灾。

第三十三条　公安消防机构在统一组织和指挥火灾的现场扑救时，火场总指挥员有权根据扑救火灾的需要，决定下列事项：

（一）使用各种水源；

（二）截断电力、可燃气体和液体的输送，限制用火用电；

（三）划定警戒区，实行局部交通管制；

（四）利用临近建筑物和有关设施；

（五）为防止火灾蔓延，拆除或者破损毗邻火场的建筑物、构筑物；

（六）调动供水、供电、医疗救护、交通运输等有关单位协助灭火救助。

扑求特大火灾时，有关地方人民政府应当组织有关人员、调集所需物资支援灭火。

第三十四条　公安消防队参加火灾以外的其他灾害或者事

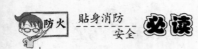

故的抢险救援工作，在有关地方人民政府的统一指挥下实施。

第三十五条　消防车、消防艇前往执行火灾扑救任务或者执行其他灾害、事故的抢险救援任务时，不受行驶速度、行驶路线、行驶方向和指挥信号的限制，其他车辆、船舶以及行人必须让行，不得穿插、超越。交通管理指挥人员应当保证消防车、消防艇迅速通行。

第三十六条　消防车、消防艇以及消防器材、装备和设施，不得用于与消防和抢险救援工作无关的事项。

第三十七条　公安消防队扑救火灾，不得向发生火灾的单位、个人收取任何费用。

对参加扑救外单位火灾的专职消防队、义务消防队所损耗的燃料、灭火剂和器材、装备等，依照规定予以补偿。

第三十八条　对因参加扑救火灾受伤、致残或者死亡的人员，按照国家有关规定给予医疗、抚恤。

第三十九条　火灾扑灭后，公安消防机构有权根据需要封闭火灾现场，负责调查、认定火灾原因，核定火灾损失，查明火灾事故责任。

对于特大火灾事故，国务院或者省级人民政府认为必要时，可以组织调查。

火灾扑灭后，起火单位应当按照公安消防机构的要求保护现场，接受事故调查，如实提供火灾事实的情况。

第五章　法律责任

第四十条　违反本法的规定，有下列行为之一的，责令限期改正；逾期不改正的，责令停止施工、停止使用或者停产停业，可以并处罚款：

（一）建筑工程的消防设计未经公安消防机构审核或者经审核不合格，擅自施工的；

（二）依法应当进行消防设计的建筑工程竣工时未经消防验收或者经验收不合格，擅自使用的；

（三）公众聚集的场所未经消防安全检查或者经检查不合格，擅自使用或者开业的。

单位有前款行为的，依照前款的规定处罚，并对其直接负责的主管人员和其他直接责任人员处警告或者罚款。

第四十一条　违反本法的规定，擅自举办大型集会、焰火晚会、灯会等群众性活动，具有火灾危险的，公安消防机构应当责令当场改正；当场不能改正的，应当责令停止举办，可以并处罚款。

单位有前款行为的，依照前款的规定处罚，并对其直接负责的主管人员和其他直接责任人员处警告或者罚款。

第四十二条　违反本法的规定，擅自降低消防技术标准施工、使用防火性能不符合国家标准或者行业标准的建筑构件和建筑材料或者不合格的装修、装饰材料施工的，责令限期改正；逾期不改正的，责令停止施工，可以并处罚款。

单位有前款行为的，依照前款的规定处罚，并对其直接负责的主管人员和其他直接责任人员处警告或者罚款。

第四十三条　机关、团体、企业、事业单位违反本法的规定，未履行消防安全职责的，责令限期改正；逾期不改正的，对其直接负责的主管人员和其他直接责任人员依法给予行政处分或者处警告。

营业性场所有下列行为之一的，责令限期改正；逾期不改正的，责令停产停业，可以并处罚款，并对其直接负责的主管

人员和其他直接责任人员处罚款：

（一）对火灾隐患不及时消除的；

（二）不按照国家有关规定，配置消防设施和器材的；

（三）不能保障疏散通道、安全出口畅通的。

在设有车间或者仓库的建筑物内设置员工集体宿舍的，依照第二款的规定处罚。

第四十四条　违反本法的规定，生产、销售未经依照产品质量法的规定确定的检验机构检验合格的消防产品的，责令停止违法行为，没收产品和违法所得，依照产品质量法的规定从重处罚。

维修、检测消防设施、器材的单位，违反消防安全技术规定，进行维修、检测的，责令限期改正，可以并处罚款，并对其直接负责的主管人员和其他直接责任人员处警告或者罚款。

第四十五条　电器产品、燃气用具的安装或者线路、管路的敷设不符合消防安全技术规定的，责令限期改正；逾期不改正的，责令停止使用。

第四十六条　违反本法的规定，生产、储存、运输、销售或者使用、销毁易燃易爆危险物品的，责令停止违法行为，可以处警告、罚款或者十五日以下拘留。

单位有前款行为的，责令停止违法行为，可以处警告或者罚款，并对其直接负责的主管人员和其他直接责任人员依照前款的规定处罚。

第四十七条　违反本法的规定，有下列行为之一的，处警告、罚款或者十日以下拘留：

（一）违反消防安全规定进入生产、储存易燃易爆危险物品场所的；

（二）违法使用明火作业或者在具有火灾、爆炸危险的场所违反禁令，吸烟、使用明火的；

（三）阻拦报火警或者谎报火警的；

（四）故意阻碍消防车、消防艇赶赴火灾现场或者扰乱火灾现场秩序的；

（五）拒不执行火场指挥员指挥，影响灭火救灾的；

（六）过失引起火灾，尚未造成严重损失的。

第四十八条 违反本法的规定，有下列行为之一的，处警告或者罚款：

（一）指使或者强令他人违反消防安全规定，冒险作业，尚未造成严重后果的；

（二）埋压、圈占消火栓或者占用防火间距、堵塞消防通道的，或者损坏和擅自挪用、拆除、停用消防设施、器材的；

（三）有重大火灾隐患，经公安消防机构通知逾期不改正的。

单位有前款行为的，依照前款的规定处罚，并对其直接负责的主管人员和其他直接责任人员处警告或者罚款。

有第一款第二项所列行为的，还应当责令其限期恢复原状或者赔偿损失；对逾期不恢复原状的，应当强制拆除或者清除，所需费用由违法行为人承担。

第四十九条 公共场所发生火灾时，该公共场所的现场工作人员不履行组织、引导在场群众疏散的义务，造成人身伤亡，尚不构成犯罪的，处十五日以下拘留。

第五十条 火灾扑灭后，为隐瞒、掩饰起火原因、推卸责任，故意破坏现场或者伪造现场，尚不构成犯罪的，处警告、罚款或者十五日以下拘留。

　　单位有前款行为的，处警告或者罚款，并对其直接负责的主管人员和其他直接责任人员依照前款的规定处罚。

　　第五十一条　对违反本法规定行为的处罚，由公安消防机构裁决。对给予拘留的处罚，由公安机关依照治安管理处罚条例的规定裁决。

　　责令停产停业，对经济和社会生活影响较大的，由公安消防机构报请当地人民政府依法决定，由公安消防机构执行。

　　第五十二条　公安消防机构的工作人员在消防工作中滥用职权、玩忽职守、徇私舞弊，有下列行为之一，给国家和人民利益造成损失，尚不构成犯罪的，依法给予行政处分：

　　（一）对不符合国家建筑工程消防技术标准的消防设计、建筑工程通过审核、验收的；

　　（二）对应当依法审核、验收的消防设计、建筑工程，故意拖延，不予审核、验收的；

　　（三）发现火灾隐患不及时通知有关单位或者个人改正的；

　　（四）利用职务为用户指定消防产品的销售单位、品牌或者指定建筑消防设施施工单位的；

　　（五）其他滥用职权、玩忽职守、徇私舞弊的行为。

　　第五十三条　有违反本法行为，构成犯罪的，依法追究刑事责任。

第六章　附　　则

　　第五十四条　本法自 1998 年 9 月 1 日起施行。1984 年 5 月 11 日第六届全国人民代表大会常务委员会第五次会议批准、1984 年 5 月 13 日国务院公布的《中华人民共和国消防条例》同时废止。

附录 2

机关、团体、企业、事业单位
消防安全管理规定

（2001 年 11 月 14 日中华人民共和国公安部令第 61 号发布，
自 2002 年 5 月 1 日起实施）

第一章　总　　则

第一条　为了加强和规范机关、团体、企业、事业单位的消防安全管理，预防火灾和减少火灾危害，根据《中华人民共和国消防法》，制定本规定。

第二条　本规定适用于中华人民共和国境内的机关、团体、企业、事业单位（以下统称单位）自身的消防安全管理。

法律、法规另有规定的除外。

第三条　单位应当遵守消防法律、法规、规章（以下统称消防法规），贯彻预防为主、防消结合的消防工作方针，履行消防安全职责，保障消防安全。

第四条　法人单位的法定代表人或者非法人单位的主要负责人是单位的消防安全责任人，对本单位的消防安全工作全面负责。

第五条　单位应当落实逐级消防安全责任制和岗位消防安全责任制，明确逐级和岗位消防安全职责，确定各级、各岗位的消防安全责任人。

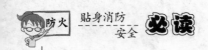

第二章　消防安全责任

第六条　单位的消防安全责任人应当履行下列消防安全职责：

（一）贯彻执行消防法规，保障单位消防安全符合规定，掌握本单位的消防安全情况；

（二）将消防工作与本单位的生产、科研、经营、管理等活动统筹安排，批准实施年度消防工作计划；

（三）为本单位的消防安全提供必要的经费和组织保障；

（四）确定逐级消防安全责任，批准实施消防安全制度和保障消防安全的操作规程；

（五）组织防火检查，督促落实火灾隐患整改，及时处理涉及消防安全的重大问题；

（六）根据消防法规的规定建立专职消防队、义务消防队；

（七）组织制定符合本单位实际的灭火和应急疏散预案，并实施演练。

第七条　单位可以根据需要确定本单位的消防安全管理人。消防安全管理人对单位的消防安全责任人负责，实施和组织落实下列消防安全管理工作：

（一）拟订年度消防工作计划，组织实施日常消防安全管理工作；

（二）组织制订消防安全制度和保障消防安全的操作规程并检查督促其落实；

（三）拟订消防安全工作的资金投入和组织保障方案；

（四）组织实施防火检查和火灾隐患整改工作；

（五）组织实施对本单位消防设施、灭火器材和消防安全标志的维护保养，确保其完好有效，确保疏散通道和安全出口畅通；

（六）组织管理专职消防队和义务消防队；

（七）在员工中组织开展消防知识、技能的宣传教育和培训，组织灭火和应急疏散预案的实施和演练；

（八）单位消防安全责任人委托的其他消防安全管理工作。

消防安全管理人应当定期向消防安全责任人报告消防安全情况，及时报告涉及消防安全的重大问题。未确定消防安全管理人的单位，前款规定的消防安全管理工作由单位消防安全责任人负责实施。

第八条　实行承包、租赁或者委托经营、管理时，产权单位应当提供符合消防安全要求的建筑物，当事人在订立的合同中依照有关规定明确各方的消防安全责任；消防车通道、涉及公共消防安全的疏散设施和其他建筑消防设施应当由产权单位或者委托管理的单位统一管理。

承包、承租或者受委托经营、管理的单位应当遵守本规定，在其使用、管理范围内履行消防安全职责。

第九条　对于有两个以上产权单位和使用单位的建筑物，各产权单位、使用单位对消防车通道、涉及公共消防安全的疏散设施和其他建筑消防设施应当明确管理责任，可以委托统一管理。

第十条　居民住宅区的物业管理单位应当在管理范围内履行下列消防安全职责：

（一）制定消防安全制度，落实消防安全责任，开展消防安全宣传教育；

（二）开展防火检查，消除火灾隐患；

（三）保障疏散通道、安全出口、消防车通道畅通；

（四）保障公共消防设施、器材以及消防安全标志完好有效。

其他物业管理单位应当对受委托管理范围内的公共消防安全管理工作负责。

第十一条 举办集会、焰火晚会、灯会等具有火灾危险的大型活动的主办单位、承办单位以及提供场地的单位，应当在订立的合同中明确各方的消防安全责任。

第十二条 建筑工程施工现场的消防安全由施工单位负责。实行施工总承包的，由总承包单位负责。分包单位向总承包单位负责，服从总承包单位对施工现场的消防安全管理。

对建筑物进行局部改建、扩建和装修的工程，建设单位应当与施工单位在订立的合同中明确各方对施工现场的消防安全责任。

第三章 消防安全管理

第十三条 下列范围的单位是消防安全重点单位，应当按照本规定的要求，实行严格管理：

（一）商场（市场）、宾馆（饭店）、体育场（馆）、会堂、公共娱乐场所等公众聚集场所（以下统称公众聚集场所）；

（二）医院、养老院和寄宿制的学校、托儿所、幼儿园；

（三）国家机关；

（四）广播电台、电视台和邮政、通信枢纽；

（五）客运车站、码头、民用机场；

（六）公共图书馆、展览馆、博物馆、档案馆以及具有火

灾危险性的文物保护单位;

（七）发电厂（站）和电网经营企业;

（八）易燃易爆化学物品的生产、充装、储存、供应、销售单位;

（九）服装、制鞋等劳动密集型生产、加工企业;

（十）重要的科研单位;

（十一）其他发生火灾可能性较大以及一旦发生火灾可能造成重大人身伤亡或者财产损失的单位。

高层办公楼（写字楼）、高层公寓楼等高层公共建筑，城市地下铁道、地下观光隧道等地下公共建筑和城市重要的交通隧道，粮、棉、木材、百货等物资集中的大型仓库和堆场，国家和省级等重点工程的施工现场，应当按照本规定对消防安全重点单位的要求，实行严格管理。

第十四条　消防安全重点单位及其消防安全责任人、消防安全管理人应当报当地公安消防机构备案。

第十五条　消防安全重点单位应当设置或者确定消防工作的归口管理职能部门，并确定专职或者兼职的消防管理人员；其他单位应当确定专职或者兼职消防管理人员，可以确定消防工作的归口管理职能部门。归口管理职能部门和专兼职消防管理人员在消防安全责任人或者消防安全管理人的领导下开展消防安全管理工作。

第十六条　公众聚集场所应当在具备下列消防安全条件后，向当地公安消防机构申报进行消防安全检查，经检查合格后方可开业使用:

（一）依法办理建筑工程消防设计审核手续，并经消防验收合格;

（二）建立健全消防安全组织，消防安全责任明确；

（三）建立消防安全管理制度和保障消防安全的操作规程；

（四）员工经过消防安全培训；

（五）建筑消防设施齐全、完好有效；

（六）制定灭火和应急疏散预案。

第十七条　举办集会、焰火晚会、灯会等具有火灾危险的大型活动，主办或者承办单位应当在具备消防安全条件后，向公安消防机构申报对活动现场进行消防安全检查，经检查合格后方可举办。

第十八条　单位应当按照国家有关规定，结合本单位的特点，建立健全各项消防安全制度和保障消防安全的操作规程，并公布执行。

单位消防安全制度主要包括以下内容：消防安全教育、培训；防火巡查、检查；安全疏散设施管理；消防（控制室）值班；消防设施、器材维护管理；火灾隐患整改；用火、用电安全管理；易燃易爆危险物品和场所防火防爆；专职和义务消防队的组织管理；灭火和应急疏散预案演练；燃气和电气设备的检查和管理（包括防雷、防静电）；消防安全工作考评和奖惩；其他必要的消防安全内容。

第十九条　单位应当将容易发生火灾、一旦发生火灾可能严重危及人身和财产安全以及对消防安全有重大影响的部位确定为消防安全重点部位，设置明显的防火标志，实行严格管理。

第二十条　单位应当对动用明火实行严格的消防安全管理。禁止在具有火灾、爆炸危险的场所使用明火；因特殊情况需要进行电、气焊等明火作业的，动火部门和人员应当按照单位的用火管理制度办理审批手续，落实现场监护人，在确认无火灾、爆炸危险后方可动火施工。动火施工人员应当遵守消防安全规定，并落实相应的消防安全措施。

公众聚集场所或者两个以上单位共同使用的建筑物局部施工需要使用明火时，施工单位和使用单位应当共同采取措施，将施工区和使用区进行防火分隔，清除动火区域的易燃、可燃物，配置消防器材，专人监护，保证施工及使用范围的消防安全。

公共娱乐场所在营业期间禁止动火施工。

第二十一条　单位应当保障疏散通道、安全出口畅通，并设置符合国家规定的消防安全疏散指示标志和应急照明设施，保持防火门、防火卷帘、消防安全疏散指示标志、应急照明、机械排烟送风、火灾事故广播等设施处于正常状态。

严禁下列行为：

（一）占用疏散通道；

（二）在安全出口或者疏散通道上安装栅栏等影响疏散的障碍物；

（三）在营业、生产、教学、工作等期间将安全出口上锁、遮挡或者将消防安全疏散指示标志遮挡、覆盖；

（四）其他影响安全疏散的行为。

第二十二条　单位应当遵守国家有关规定，对易燃易爆危险物品的生产、使用、储存、销售、运输或者销毁实行严格的消防安全管理。

第二十三条　单位应当根据消防法规的有关规定，建立专职消防队、义务消防队，配备相应的消防装备、器材，并组织开展消防业务学习和灭火技能训练，提高预防和扑救火灾的

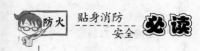

能力。

第二十四条　单位发生火灾时，应当立即实施灭火和应急疏散预案，务必做到及时报警，迅速扑救火灾，及时疏散人员。邻近单位应当给予支援。任何单位、人员都应当无偿为报火警提供便利，不得阻拦报警。

单位应当为公安消防机构抢救人员、扑救火灾提供便利和条件。

火灾扑灭后，起火单位应当保护现场，接受事故调查，如实提供火灾事故的情况，协助公安消防机构调查火灾原因，核定火灾损失，查明火灾事故责任。未经公安消防机构同意，不得擅自清理火灾现场。

第四章　防火检查

第二十五条　消防安全重点单位应当进行每日防火巡查，并确定巡查的人员、内容、部位和频次。其他单位可以根据需要组织防火巡查。巡查的内容应当包括：

（一）用火、用电有无违章情况；

（二）安全出口、疏散通道是否畅通，安全疏散指示标志、应急照明是否完好；

（三）消防设施、器材和消防安全标志是否在位、完整；

（四）常闭式防火门是否处于关闭状态，防火卷帘下是否堆放物品影响使用；

（五）消防安全重点部位的人员在岗情况；

（六）其他消防安全情况。

公众聚集场所在营业期间的防火巡查应当至少每二小时一次；营业结束时应当对营业现场进行检查，消除遗留火种。医院、养老院、寄宿制的学校、托儿所、幼儿园应当加强夜间防火巡查，其他消防安全重点单位可以结合实际组织夜间防火巡查。

防火巡查人员应当及时纠正违章行为，妥善处置火灾危险，无法当场处置的，应当立即报告。发现初起火灾应当立即报警并及时扑救。

防火巡查应当填写巡查记录，巡查人员及其主管人员应当在巡查记录上签名。

第二十六条 机关、团体、事业单位应当至少每季度进行一次防火检查，其他单位应当至少每月进行一次防火检查。检查的内容应当包括：

（一）火灾隐患的整改情况以及防范措施的落实情况；

（二）安全疏散通道、疏散指示标志、应急照明和安全出口情况；

（三）消防车通道、消防水源情况；

（四）灭火器材配置及有效情况；

（五）用火、用电有无违章情况；

（六）重点工种人员以及其他员工消防知识的掌握情况；

（七）消防安全重点部位的管理情况；

（八）易燃易爆危险物品和场所防火防爆措施的落实情况以及其他重要物资的防火安全情况；

（九）消防（控制室）值班情况和设施运行、记录情况；

（十）防火巡查情况；

（十一）消防安全标志的设置情况和完好、有效情况；

（十二）其他需要检查的内容。

防火检查应当填写检查记录。检查人员和被检查部门负责人应当在检查记录上签名。

第二十七条 单位应当按照建筑消防设施检查维修保养有关规定的要求，对建筑消防设施的完好有效情况进行检查和维修保养。

第二十八条 设有自动消防设施的单位，应当按照有关规定定期对其自动消防设施进行全面检查测试，并出具检测报告，存档备查。

第二十九条 单位应当按照有关规定定期对灭火器进行维护保养和维修检查。对灭火器应当建立档案资料，记明配置类型、数量、设置位置、检查维修单位（人员）、更换药剂的时间等有关情况。

278

第五章　火灾隐患整改

第三十条 单位对存在的火灾隐患，应当及时予以消除。

第三十一条 对下列违反消防安全规定的行为，单位应当责成有关人员当场改正并督促落实：

（一）违章进入生产、储存易燃易爆危险物品场所的；

（二）违章使用明火作业或者在具有火灾、爆炸危险的场所吸烟、使用明火等违反禁令的；

（三）将安全出口上锁、遮挡，或者占用、堆放物品影响疏散通道畅通的；

（四）消火栓、灭火器材被遮挡影响使用或者被挪作他用的；

（五）常闭式防火门处于开启状态，防火卷帘下堆放物品影响使用的；

（六）消防设施管理、值班人员和防火巡查人员脱岗的；

（七）违章关闭消防设施、切断消防电源的；

（八）其他可以当场改正的行为。

违反前款规定的情况以及改正情况应当有记录并存档备查。

第三十二条　对不能当场改正的火灾隐患，消防工作归口管理职能部门或者专兼职消防管理人员应当根据本单位的管理分工，及时将存在的火灾隐患向单位的消防安全管理人或者消防安全责任人报告，提出整改方案。消防安全管理人或者消防安全责任人应当确定整改的措施、期限以及负责整改的部门、人员，并落实整改资金。

在火灾隐患未消除之前，单位应当落实防范措施，保障消防安全。不能确保消防安全，随时可能引发火灾或者一旦发生火灾将严重危及人身安全的，应当将危险部位停产停业整改。

第三十三条　火灾隐患整改完毕，负责整改的部门或者人员应当将整改情况记录报送消防安全责任人或者消防安全管理人签字确认后存档备查。

第三十四条　对于涉及城市规划布局而不能自身解决的重大火灾隐患，以及机关、团体、事业单位确无能力解决的重大火灾隐患，单位应当提出解决方案并及时向其上级主管部门或者当地人民政府报告。

第三十五条　对公安消防机构责令限期改正的火灾隐患，单位应当在规定的期限内改正并写出火灾隐患整改复函，报送公安消防机构。

第六章　消防安全宣传教育和培训

第三十六条　单位应当通过多种形式开展经常性的消防安

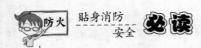

全宣传教育。消防安全重点单位对每名员工应当至少每年进行一次消防安全培训。宣传教育和培训内容应当包括：

（一）有关消防法规、消防安全制度和保障消防安全的操作规程；

（二）本单位、本岗位的火灾危险性和防火措施；

（三）有关消防设施的性能、灭火器材的使用方法；

（四）报火警、扑救初起火灾以及自救逃生的知识和技能。

公众聚集场所对员工的消防安全培训应当至少每半年进行一次，培训的内容还应当包括组织、引导在场群众疏散的知识和技能。

单位应当组织新上岗和进入新岗位的员工进行上岗前的消防安全培训。

第三十七条　公众聚集场所在营业、活动期间，应当通过张贴图画、广播、闭路电视等向公众宣传防火、灭火、疏散逃生等常识。

学校、幼儿园应当通过寓教于乐等多种形式对学生和幼儿进行消防安全常识教育。

第三十八条　下列人员应当接受消防安全专门培训：

（一）单位的消防安全责任人、消防安全管理人；

（二）专、兼职消防管理人员；

（三）消防控制室的值班、操作人员；

（四）其他依照规定应当接受消防安全专门培训的人员。

前款规定中的第（三）项人员应当持证上岗。

第七章　灭火、应急疏散预案和演练

第三十九条　消防安全重点单位制定的灭火和应急疏散预

案应当包括下列内容：

（一）组织机构，包括：灭火行动组、通讯联络组、疏散引导组、安全防护救护组；

（二）报警和接警处置程序；

（三）应急疏散的组织程序和措施；

（四）扑救初起火灾的程序和措施；

（五）通讯联络、安全防护救护的程序和措施。

第四十条　消防安全重点单位应当按照灭火和应急疏散预案，至少每半年进行一次演练，并结合实际，不断完善预案。其他单位应当结合本单位实际，参照制定相应的应急方案，至少每年组织一次演练。

281

消防演练时，应当设置明显标识并事先告知演练范围内的人员。

第八章　消　防　档　案

第四十一条　消防安全重点单位应当建立健全消防档案。消防档案应当包括消防安全基本情况和消防安全管理情况。消防档案应当详实，全面反映单位消防工作的基本情况，并附有必要的图表，根据情况变化及时更新。

单位应当对消防档案统一保管、备查。

第四十二条　消防安全基本情况应当包括以下内容：

（一）单位基本概况和消防安全重点部位情况；

（二）建筑物或者场所施工、使用或者开业前的消防设计审核、消防验收以及消防安全检查的文件、资料；

（三）消防管理组织机构和各级消防安全责任人；

（四）消防安全制度；

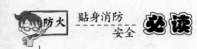

（五）消防设施、灭火器材情况；

（六）专职消防队、义务消防队人员及其消防装备配备情况；

（七）与消防安全有关的重点工种人员情况；

（八）新增消防产品、防火材料的合格证明材料；

（九）灭火和应急疏散预案。

第四十三条　消防安全管理情况应当包括以下内容：

（一）公安消防机构填发的各种法律文书；

（二）消防设施定期检查记录、自动消防设施全面检查测试的报告以及维修保养的记录；

（三）火灾隐患及其整改情况记录；

（四）防火检查、巡查记录；

（五）有关燃气、电气设备检测（包括防雷、防静电）等记录资料；

（六）消防安全培训记录；

（七）灭火和应急疏散预案的演练记录；

（八）火灾情况记录；

（九）消防奖惩情况记录。

前款规定中的第（二）、（三）、（四）、（五）项记录，应当记明检查的人员、时间、部位、内容、发现的火灾隐患以及处理措施等；第（六）项记录，应当记明培训的时间、参加人员、内容等；第（七）项记录，应当记明演练的时间、地点、内容、参加部门以及人员等。

第四十四条　其他单位应当将本单位的基本概况、公安消防机构填发的各种法律文书、与消防工作有关的材料和记录等统一保管备查。

第九章 奖 惩

第四十五条 单位应当将消防安全工作纳入内部检查、考核、评比内容。对在消防安全工作中成绩突出的部门（班组）和个人，单位应当给予表彰奖励。对未依法履行消防安全职责或者违反单位消防安全制度的行为，应当依照有关规定对责任人员给予行政纪律处分或者其他处理。

第四十六条 违反本规定，依法应当给予行政处罚的，依照有关法律、法规予以处罚；构成犯罪的，依法追究刑事责任。

283

第十章 附 则

第四十七条 公安消防机构对本规定的执行情况依法实施监督，并对自身滥用职权、玩忽职守、徇私舞弊的行为承担法律责任。

第四十八条 本规定自 2002 年 5 月 1 日起施行。本规定施行以前公安部发布的规章中的有关规定与本规定不一致的，以本规定为准。

参 考 文 献

1. 北京消防教育训练中心编.《市民防灾指导教育必读》，1999.8
2. 日本东京消防厅编.《防灾指导手册》，1996.1
3. 日本东京防灾指导协会编.《防火管理知识》，2004.4
4. 白松林，崔守全编.《火场逃生术》，1996.1
5. 中国消防协会编.《消防学术研讨会论文集》，2001.10